技术人工物设计伦理转向研究

JISHU RENGONGWU SHEJI LUNLI ZHUANXIANG YANJIU

郭延龙 ◎著

汕头大学出版社

图书在版编目（CIP）数据

技术人工物设计伦理转向研究/郭延龙著. — 汕头：汕头大学出版社，2024.1
ISBN 978-7-5658-5195-7

Ⅰ.①技… Ⅱ.①郭… Ⅲ.①技术伦理学－研究 Ⅳ.①B82-057

中国国家版本馆CIP数据核字(2024)第003230号

技术人工物设计伦理转向研究
JISHU RENGONGWU SHEJI LUNLI ZHUANXIANG YANJIU

著　　者：	郭延龙
责任编辑：	汪艳蕾
责任技编：	黄东生
封面设计：	现当代文化
出版发行：	汕头大学出版社
	广东省汕头市大学路243号汕头大学校园内　邮政编码：515063
电　　话：	0754-82904613
印　　刷：	天津市蓟县宏图印务有限公司
开　　本：	880mm×1230 mm　1/32
印　　张：	7.5
字　　数：	209千字
版　　次：	2024年1月第1版
印　　次：	2024年1月第1次印刷
定　　价：	78.00元

ISBN 978-7-5658-5195-7

版权所有，翻版必究

如发现印装质量问题，请与承印厂联系退换

前　言

本书名为《技术人工物设计伦理转向研究》，属于设计哲学的研究范畴，可以理解为设计学、技术哲学和伦理学等学科的交叉研究。该研究方向在国内高校中处在探索阶段，研究机构和学者团队力量相对薄弱，要么侧重设计实践层面的分析，从设计实践出发，产生一些伦理思考；要么侧重哲学层面的讨论，却忽视了社会现实层面的观照等。研究者大部分在哲学相关学院，少部分在设计学、艺术学相关学院，在学缘结构上存在一定的桎梏，研究范式和研究话语体系也存在不同程度的隔阂。多种因素造成了设计哲学研究处于边缘化的境遇。

笔者本科为设计类专业，当时名为艺术设计专业。如今伴随专业调整分出了环境设计、视觉传达设计、产品设计等多个具体的专业名称。笔者硕博研究生期间攻读的专业为哲学专业，研究方向依托本科专业基础知识，选择了设计哲学研究方向，希望能综合自身学缘知识结构，在该研究方向上取得一些成绩。本书为笔者的博士毕业论文的主体部分，从哲学思辨和方法论层面对技术人工物的设计伦理问题进行探究。

技术人工物是通过技术实践活动而生成的存在物。1993 年兰德尔·迪珀特（Randall Dipert）最早关注该主题，1998 年前后荷兰技术哲学家克洛斯（Peter Kroes）和梅耶斯（Anthonie Meijers）将其发展为成熟的研究范式。现阶段，技术人工物的功能与伦理价值的失衡、价值与责任的复杂关系、多元化的伦理治理等问题涌现，迫切需要对技术人工物设计伦理转向问题进行系统的探究。

本研究旨在通过技术现象学还原法、归纳与演绎法等方法，探析技术人工物设计伦理转向背后的哲学基础、"物律"设计方式以及技术治理路径。具体研究内容主要从以下几个方面展开。

第一,对技术人工物的研究背景、研究意义进行了论述。针对技术人工物设计伦理转向的相关文献进行综述,提出了研究设计思路、技术路线和创新之处。

第二,对技术人工物设计伦理的相关概念进行词源、内涵和外延的界定,以唐·伊德(Don Ihde)"人—技术"关系理论、拉图尔(Latour)"人工物社会"思想和维贝克(P. Verbeek)"道德物化"思想为理论依据,展开下一步的深入探究。

第三,基于拉图尔"人工物社会"思想,从技术人工物中历史唯物论的"人本"孕育、"非人"的新唯物论产生、"非人"的扩展三个阶段进行考察,系统地论证了"去中心化"情景下技术人工物从"人本"至"非人"的拓展历程。同时,结合共享单车"去中心化"的具体案例进行诠释。

第四,在维贝克"道德物化"的思想基础上,系统地论述了技术人工物的道德意向性、道德自由和道德中介的作用,认为技术人工物的技术程度决定了其道德物化程度。同时,结合智能穿戴服装的具体案例进行诠释。

第五,基于以上研究基础,通过设计者的道德敏感性捕捉与识别、情感投射与移情、创造性想象与超越,运用仿生设计的情景模拟、虚拟与现实的情景模拟、设计价值的情感模拟,结合强制式调节设计、引诱式调节设计和劝导式调节设计的方式,探索技术人工物设计的"物律"方式。同时,以保姆机器人为例,诠释具体实践语境中的"物律"设计。

第六,对技术人工物设计伦理的责任与价值进行细分,对技术行动者、社会行动者和元层面行动者进行"问责"与建构性技术评估。结合公众参与、共享式、社会契约的公平合作进行调节反馈,最终通过技术内在关系路径、混合式系统路径和价值敏感设计路径,进行不同程度的技术设计与治理。同时，以基因编辑婴儿案例进行反思，针对其中的具体问题进行诠释。

第七，技术人工物设计伦理转向的研究，是从技术内在关系的路径切入，以"物准则"的视角探讨技术设计伦理的全过程。本研究提出了"设计即治理"的技术治理方式，用技术道德化的"前置式"设计方式，将"善"技术功能和物理结构"写入"技术人工物，以期待通过技术人工物的"物律"设计方式，为构建人类美好生活世界贡献力量。

由于时间、篇幅和自身研究能力等原因，书中有不妥和疏漏之处，敬请广大读者批评指正！

郭延龙

2023 年 7 月 2 日

★ 目　　录 ★

第1章　绪论 ··· 1
1.1　研究背景 ·· 1
1.1.1　技术人工物的功用与伦理价值失衡 ·············· 1
1.1.2　技术人工物设计的价值和责任复杂性 ············ 2
1.1.3　技术人工物设计的伦理治理问题多元化 ········ 3
1.2　研究意义 ·· 4
1.2.1　理论意义 ··· 4
1.2.2　实践意义 ··· 5
1.3　文献综述 ·· 5
1.3.1　技术人工物研究综述 ································ 5
1.3.2　技术哲学伦理转向研究综述 ······················· 9
1.3.3　技术人工物设计伦理研究综述 ·················· 12
1.4　研究思路与方法 ·· 19
1.4.1　研究思路 ··· 19
1.4.2　研究方法 ··· 20
1.4.3　技术路线图 ·· 21
1.5　研究的创新之处 ·· 22
1.6　本章小结 ··· 23

第2章 技术人工物设计伦理转向相关概念与理论依据 ⋯⋯ 24

2.1 技术人工物设计伦理的相关概念 ⋯⋯⋯⋯⋯⋯⋯⋯ 24
 2.1.1 技术人工物的概念界定 ⋯⋯⋯⋯⋯⋯⋯⋯⋯ 24
 2.1.2 设计伦理的概念界定 ⋯⋯⋯⋯⋯⋯⋯⋯⋯⋯ 26
2.2 技术人工物的属性和类型 ⋯⋯⋯⋯⋯⋯⋯⋯⋯⋯⋯ 28
 2.2.1 技术人工物的属性 ⋯⋯⋯⋯⋯⋯⋯⋯⋯⋯⋯ 28
 2.2.2 技术人工物的类型 ⋯⋯⋯⋯⋯⋯⋯⋯⋯⋯⋯ 39
2.3 技术人工物设计伦理转向的理论依据 ⋯⋯⋯⋯⋯⋯ 41
 2.3.1 唐·伊德"人—技术"关系理论 ⋯⋯⋯⋯⋯⋯ 41
 2.3.2 拉图尔"人工物社会"思想 ⋯⋯⋯⋯⋯⋯⋯⋯ 44
 2.3.3 维贝克"道德物化"思想 ⋯⋯⋯⋯⋯⋯⋯⋯⋯ 46
2.4 本章小结 ⋯⋯⋯⋯⋯⋯⋯⋯⋯⋯⋯⋯⋯⋯⋯⋯⋯⋯ 47

第3章 技术人工物设计伦理转向之"去中心化" ⋯⋯⋯ 49

3.1 技术人工物设计中的"人本"孕育 ⋯⋯⋯⋯⋯⋯⋯ 50
 3.1.1 "人—机器"的身体解放 ⋯⋯⋯⋯⋯⋯⋯⋯⋯ 50
 3.1.2 从"视觉"扩展到"知觉"的身体经验 ⋯⋯⋯⋯ 52
 3.1.3 "人本"技术情景的成熟 ⋯⋯⋯⋯⋯⋯⋯⋯⋯ 54
3.2 技术人工物中"非人"的产生 ⋯⋯⋯⋯⋯⋯⋯⋯⋯ 57
 3.2.1 "人"与"非人"的认知 ⋯⋯⋯⋯⋯⋯⋯⋯⋯⋯ 57
 3.2.2 "去中心化"的行为 ⋯⋯⋯⋯⋯⋯⋯⋯⋯⋯⋯ 59
 3.2.3 "非人本"的存在 ⋯⋯⋯⋯⋯⋯⋯⋯⋯⋯⋯⋯ 61
3.3 技术人工物设计中"非人"的扩展 ⋯⋯⋯⋯⋯⋯⋯ 63
 3.3.1 "非人"行动者的扩充 ⋯⋯⋯⋯⋯⋯⋯⋯⋯⋯ 63
 3.3.2 "时间"与"空间"的鸿沟 ⋯⋯⋯⋯⋯⋯⋯⋯⋯ 65
 3.3.3 多元"他者"的共生 ⋯⋯⋯⋯⋯⋯⋯⋯⋯⋯⋯ 68
3.4 "去中心化"案例诠释:共享单车 ⋯⋯⋯⋯⋯⋯⋯⋯ 71

- 3.4.1 "去中心化"的技术设计模式 ……… 73
- 3.4.2 共享式的"非人"行动者 ……… 75
- 3.4.3 复杂的"去中心化"连带责任关系 ……… 76

3.5 本章小结 ……… 78

第4章 技术人工物设计伦理转向之"技德" ……… 80

4.1 技术人工物的道德意向性 ……… 80
- 4.1.1 "能力"层级的意向性 ……… 81
- 4.1.2 "指向性"层级的意向性 ……… 83
- 4.1.3 "多元稳定"的意向性 ……… 85

4.2 技术人工物的道德自由 ……… 87
- 4.2.1 道德主体的自由 ……… 89
- 4.2.2 技术权力的自由 ……… 92
- 4.2.3 物准则的自由 ……… 96

4.3 技术人工物的道德中介 ……… 98
- 4.3.1 道德中介的"放大"与"缩小"作用 ……… 100
- 4.3.2 道德中介的"居间调节"作用 ……… 102
- 4.3.3 道德中介的"异化"作用 ……… 104

4.4 "技德"案例诠释：智能穿戴服装 ……… 105
- 4.4.1 走向设计伦理驱动的"第三阶段" ……… 106
- 4.4.2 "道德化"的技术设计过程 ……… 107
- 4.4.3 弥合生命器官的"不在场" ……… 109

4.5 本章小结 ……… 110

第5章 技术人工物设计伦理转向之"物律" ……… 112

5.1 设计者的道德想象 ……… 113
- 5.1.1 道德敏感性捕捉与识别 ……… 113
- 5.1.2 情感投射与移情 ……… 117

5.1.3　创造性想象与超越……………………………………… 120
5.2　设计与使用的情景模拟………………………………………… 124
　　5.2.1　仿生设计的情景模拟……………………………………… 125
　　5.2.2　虚拟与现实的情景模拟…………………………………… 133
　　5.2.3　设计价值的情景模拟……………………………………… 136
5.3　技术人工物的道德调节设计…………………………………… 141
　　5.3.1　强制式调节设计…………………………………………… 142
　　5.3.2　引诱式调节设计…………………………………………… 144
　　5.3.3　劝导式调节设计…………………………………………… 146
5.4　"物律"案例诠释：保姆机器人………………………………… 148
　　5.4.1　创造性的道德想象………………………………………… 149
　　5.4.2　情感化的交互设计………………………………………… 150
　　5.4.3　"物律"式的生活调节……………………………………… 152
5.5　本章小结………………………………………………………… 154

第6章　技术人工物设计伦理转向之"技术治理" 155

6.1　技术人工物设计的责任与价值………………………………… 155
　　6.1.1　技术人工物的责任与价值范围…………………………… 155
　　6.1.2　技术人工物设计的责任分配……………………………… 159
　　6.1.3　技术人工物塑造的"美好生活"…………………………… 163
6.2　行动者的建构性技术评估……………………………………… 165
　　6.2.1　技术行动者的建构性技术评估…………………………… 167
　　6.2.2　社会行动者的建构性技术评估…………………………… 170
　　6.2.3　元层面行动者的建构性技术评估………………………… 172
6.3　技术人工物设计的调节反馈…………………………………… 175
　　6.3.1　公众参与式的责任消解…………………………………… 176
　　6.3.2　多元行动者的共享………………………………………… 179
　　6.3.3　社会契约的公平合作……………………………………… 183

6.4 技术人工物设计的技术治理路径 ·············· 186
　6.4.1 技术内在关系的治理路径 ·············· 187
　6.4.2 混合式系统的治理路径 ················ 189
　6.4.3 价值敏感设计的治理路径 ·············· 192
6.5 "技术治理"案例诠释:基因编辑婴儿 ··········· 194
　6.5.1 科学价值与公共责任的失衡 ············· 195
　6.5.2 多元行动者技术监督的缺失 ············· 197
　6.5.3 技术治理路径的不完善 ················ 199
6.6 本章小结 ····························· 201

第7章 结论与展望 ························ 203
7.1 主要研究结论 ························· 203
7.2 研究不足与展望 ······················· 206
　7.2.1 研究不足 ························· 206
　7.2.2 研究展望 ························· 207

参考文献 ································ 209

第1章 绪 论

1.1 研究背景

中国当代科学技术处于快速发展的时期，人工智能技术、虚拟现实技术等各种技术及其产物层出不穷。一方面，我们要以积极态度推动科学技术的发展，警惕技术快速发展过程中产生的伦理问题；另一方面，我们也要防止陷入"伦理陷阱"而阻碍技术人工物的诞生与运用。科学、技术与社会的融合发展，成为共同进步的驱动力量，技术及其产物的发展是既定的历史规律，是人类文明进步演化的重要过程。然而，复杂的技术情景关系必然产生更为复杂的技术风险和伦理问题，为技术发展带来更大的阻力。因此，需要从技术人工物本体属性的源头，探索其所蕴含的协调机制，从技术设计和伦理规范的内在路径，保障技术人工物的合理发展。但现阶段，技术人工物的设计与使用存在以下几个层面的困境。

1.1.1 技术人工物的功用与伦理价值失衡

技术人工物的设计价值和使用功用存在失衡的现象。多数技术人工物以解放劳动生产力、提高生产效率为目的，设计价值的起点更多为功用性。人类何时开始反思技术人工物的伦理价值问题呢？是人类自身意识的觉醒，还是惊吓后的担忧呢？1960年前后，科学家和工程师开始运用类机器人的技术人工物完成人类的日常工作，如说话的闹钟、个人数字助理、发育障碍患者及老人辅助机器等。直到1998年，密歇根大学、匹兹堡大学和卡内基梅隆大学启动了"机器保姆项目",用机器人帮助老人、认知障碍等人群,随后开启了技术人工物的价值研发和设计活动,技术人工物的用户隐私权、安全性、责任承担主体等相关的伦理问题逐渐被关注。

此时,人类开始意识到技术人工物不再是简单的"机器"。技术人工物从原有的"被使用"到人类的"陪伴关系",再到可以支配或管理人类的日常行为时,部分学者开始警觉,甚至开始幻想和恐慌。文艺工作者开始用电影艺术来叙述,创作了大量机器人控制人类、人类成为奴隶的影视作品。媒介与技术的双重塑造,迫使人类开始反思技术人工物设计的价值与责任的问题,甚至幻想人类被技术人工物奴役,担忧人类走向毁灭的边缘,逐渐产生出技术人工物的功用与伦理价值失衡的现象。

1.1.2 技术人工物设计的价值和责任复杂性

不同职业人群对技术人工物设计的价值和责任认识存在差异。例如,工程师认为某些伦理困境是伦理学家想象出来的,按照技术人工物的发展路径,不存在设想的那些伦理困境;而伦理学家则认为,把伦理问题放在技术的实操层面解决,过分简化伦理问题。可见两种视角下存在两点分歧:第一,对技术人工物伦理困境的评估程度存在差异;第二,伦理学家和工程师由于所处的学科属性不同,对技术人工物的伦理价值认知及阐释尺度不统一。

因而,复杂的伦理困境中,任何个体和群体无法理解信息不完全和无法预知行动的后果。伦理学家可以认识到技术人工物的道德困境复杂性,具有很高的敏感性;工程师认为这将对原本已经具有挑战性的技术人工物带来又一层困难,认为伦理困境的复杂性与实际技术人工物的实操性之间存在鸿沟。这两个群体均站在各自的学科内的角度,对技术设计发表各自的看法,无法用简单的对与错盖棺定论,需要视具体情境进行客观判断。

技术人工物的哪些道德行为会比人类更强呢？罗纳德·阿金（Ronald Arkin）认为技术人工物作为道德机器相较人类道德评判者，至少在道德决策和道德情感上更具有道德性。智能计算机在道德决策上可以迅速接收并分析大量定义的信息，不受外界的情感绑架，成为帮助完成道德活动的重要伙伴，但在处理一些无法或难以定义的道德活动时，存在一定前提性的困难，需要人类辅助来完成。另外，弗鲁姆金（Froomkin）指出技术人工物存在以下几个问题：第一，现阶段对机器人等高技术人工物的监管问题还为时尚早；第二，技术问题远比法律从业者想象的更为复杂，法律、伦理和哲学问题比技术工作者想象的更具有争议性；第三，我们要彻底解决这些问题的唯一办法是扩大和深化跨学科的合作，充分互换情景，尽可能多地考虑多种影响因素。因此，技术人工物设计的价值和责任问题渗透到了方方面面，无法一刀切式地归责，需要厘清其内在责任与价值的范围。

1.1.3 技术人工物设计的伦理治理问题多元化

技术人工物设计产生的伦理问题复杂多变，往往由多方影响因素混合、杂糅和发酵而成，演变成科学、技术与社会交叉的多重问题。该伦理问题往往不是单一固定的状态，而是具有很强的变化性和流动性，无法用单一的技术路径解决，需要结合社会层面、文化层面等因素综合考量。

首先，技术人工物问题本身的多元。技术人工物设计目的、需求的多元化，导致技术设计本身的多元化，并伴随着技术自身问题和技术伦理问题的产生。在供需关系的市场价值主导下，催生出了功能性的技术人工物，以满足人类日常生活的需求。但需求市场价值具有多边性，设计者无法完全预设用户群体的使用场景，存在扭曲、异化使用情景的可能性，导致技术设计与现实情景之间产生鸿沟，引发未知的技术伦理问题。

其次，技术治理的手段和方式多元。单一的技术问题依靠技术内在关系进路可以解决，但当技术问题不再是纯粹的技术内在关系问题，泛化至日常生活当中后，会衍生出许多伦理问题。此时，依托技术内在关系的治理路径无法疏通，需要结合统筹存在的社会价值要素、技术功能价值要素和文化价值要素，从系统论的视角入手。技术行动者不再成为技术治理的主体，社会行动者和元层面的行动者将陆续参与其中，产生多元化的技术主体现象。面对不同层面的行动主体，其处理方式和手段有所不同，产生了多种技术治理路径。因而，迫切需要对技术人工物设计伦理问题进行系统的梳理，对其产生的内在机理、作用关系和演变路径进行全面摸底，以多元化的技术治理路径展开治理。

1.2 研究意义

1.2.1 理论意义

从技术哲学的基本方法原则出发，采用技术还原法和归纳推理法，探究技术人工物设计伦理转向的哲学问题。一方面，丰富了技术哲学的理论内容和研究边界，拓展了科学、技术与社会的研究界限，融入了设计科学理论和技术伦理学研究范式；另一方面，对技术哲学的学科综合发展和理论建构，具有较高的参考价值和引导意义。

从技术哲学的发展路径来看，技术人工物的设计伦理转向是打通伦理学、设计科学和技术哲学知识结构性互补的有效路径，打破了外在的技术伦理路径研究范式，从内在的关系进路展开技术伦理的探索。这将有助于将外在伦理困境转化为内在技术治理，解决理论与实践层面分割而导致的尴尬局面，也是弥合形而上学理论研究中具体实践印证的最有效通路。

从技术哲学学科融合发展来看，本研究从多个学科视角看待发酵出来的哲学问题，在技术人工物设计伦理的研究路径上得以交汇，形成一条中转通道,拓宽了各自的发展路径,突破了学科"小科学共同体"的桎梏,为技术哲学发展拓宽了研究的领域和边界。

1.2.2 实践意义

技术人工物设计伦理转向是研究技术伦理的实体诠释,有助于弥合技术与伦理之间的实践鸿沟。一项新技术的诞生往往伴随着社会公众的不理解,恰恰是设计伦理的调和,使得技术与社会之间的关系缓和。技术人工物的设计伦理转向是技术哲学经历几次技术变革之后,产生自适应转向的一个强有力的趋势。

现代技术对我们生活世界的超越性,已经影响了我们对真理性的判断,不得不促使我们将伦理学范畴引入到技术问题当中。而设计伦理是最接近设计情景和使用情景的技术伦理关系实践。因此,对技术人工物设计伦理转向研究,是切中技术伦理意向性和技术行为间的因果性关系通路,有助于技术工作者承担作为真理执行者的身份,更合情、合理、合法地推动技术的发展。

另外,对于技术人工物的设计与使用具有道德价值引导作用。通过技术人工物的"物律"设计方式,将道德价值"写入"技术人工物中,实现技术人工物"设计即治理"的多元化治理进路。以实际的技术人工物改善日常生活世界的状态,引领人类进入美好生活世界,承载当代技术哲学实践层面的现实意义。

1.3 文献综述

1.3.1 技术人工物研究综述

技术人工物系统化的概念来自国外的技术哲学体系,是一个抽象概括人类劳动的产物,它的名称很多,如人工物、技术物、人造物、器具、器件、物件、物品、产品、人工制品等。英语里也有许多表示此类的词,如 artifacts, technical artifacts, useful things, products, goods, manufactured objects 等。目前比较公认的是荷兰代尔夫特理工大学学者对其的称呼——"Technical artifacts",或就叫"artifacts"。国内20世纪80年代从人工自然研究逐渐过渡到人工物的研究,21世纪初学界开始正式对技术人工物进行研究。

1. 从人工自然到技术人工物的相关研究

国外对人工自然的相关研究,最早可追溯至柏拉图(Plato)的《理想国》,其中探讨了工匠制造的床和画家画的床之间的区别,引出了人工自然概念的哲学探讨。亚里士多德(Aristotle)在其恩师柏拉图的基础上,将自然界的事物区分成自然存在和非自然存在。他认为,自然存在是自然本身固有因素造成的存在,如水、土、火、气和动、植物等属于自然存在,属于自然物;非自然存在是人类活动的产物,如工具、餐具等,属于人工自然物或技术产物。马克思(Marx)在《巴黎收稿》中提出了"人化的自然界"的概念,在《关于费尔巴哈的提纲》和《德意志意识形态》等著作中提出自然具有属人性的观点,衍生出了人工自然产物等相关论述。日本科学技术史学者三枝博音用"天工"和"开物"区分自然物与人工自然的概念。美国环境生态学研究者彼得·史特斯(Peter Stace)认为人工自然会逐渐过渡到向人工智能方向发展,逐渐丰富了人工自然的探讨。

随后,伴随科学技术的快速发展,对人工自然的探讨逐渐过渡到对技术人工物的研究。"技术人工物"这个概念源于1993年兰德尔·迪珀特(Randall Dipert)的分析;1998年前后,荷兰技术哲学家克洛斯(Peter Kroes)和梅耶斯(Anthonie Meijers)将其发展为成熟的研究范式,提出技术人工物的二重性问题,重点在于揭示技术功能(function)与物理结构(physical structure)的联系及技术功能与设计者(designer)、使用者(user)的意向之间的联系,明确了一系列的技术人工物实践和工程层面的概念。

1961年,中国学者于光远首次提出"人工自然"的问题,认为人工自然的概念可以继续扩展，不应局限在狭义的范围内探讨。随后，这一概念在我国语境下展开研究。1985年，陈昌曙从人工自然的概念切入探讨科技哲学相关问题，并系统地对人工自然的思想进行了阐释。

随后，远德玉、沈玉梅、申仲英、张建申等一批学者，聚焦在人工自然的属性、结构、行为以及社会功能等议题的研究，逐渐过渡到人工物的概念。直到2003年王德伟正式提出了中文语境中人工物的概念，并进行了详细的论证，著成《人工物引论》，我国对于人工物的相关研究得到了很好的推进。2003年，王德伟发表了《试论人工物的基本概念》，从人工自然的概念基础上提出人工物的内涵，并根据亚里士多德的"四因说"，结合相关的案例研究，给出人工物的构成要素、材料、能量和信息，同时揭示了人工物的物质元素、物理结构、技术功能和符号信息等，并将人工物分为抽象人工物、人文人工物、技术人工物、材料人工物和制品人工物等多种类型。王德伟先后对人工物的技术发展的文化模式、发展特点及问题、人工物的识别以及现代人工物的发展走向等问题展开了研究。2004年，肖峰发表的《什么是人工制品?》探讨了人工制品和技术的内在联系，从产品的角度解析了人工物的属性关系。

2. 技术人工物本体论的相关研究

随着国内外技术哲学交流的增多，以克洛斯（Peter Kroes）和梅耶斯（Anthonie Meijers）为代表的技术哲学荷兰学派，聚焦在技术人工物本体性问题议题，进入国内技术哲学的主流讨论"战场"。国内以陈昌曙、陈凡等学者组成的技术哲学"东北学派"为核心，在技术人工物本体论方面进行了推进和演绎。2004年，阴训法、陈凡发表的《论"技术人工物"的三重性》系统论述了技术人工物的物理结构性、社会功能性、技术过程性的生成和互动关系。2006年，潘恩荣发表的《设计的哲学基础与意义——自然主义式的认知》提出"设计的本质是创造技术人工物，技术人工物的双重属性问题就是设计的双重实现问题。人工物的双重属性问题与心灵哲学的心身问题是同一个问题的不同表达形式。"2018年,杨又、吴国林发表的《技术人工物的意向性分析》讨论了人工物的意向的"被指"和"能指"两种状态及其内在关系。2018年,王莘思发表的《设计人工物的三重属性及其交互过程模式》通过引入设计学者克里彭多夫的人工物三种关注模式,讨论了技术人工物的结构、功能和意义的三重性及其互动模式,具有创造性地打通了设计与技术之间的某种联系,具有很好的参考价值。

技术人工物的功能性与实用性的研究逐渐展开,并逐步过渡到技术产业实践领域。2011年,陈多闻发表的《可持续技术还是可持续使用?——从"技术人工物的双重属性"谈开去》讨论了技术的结构由设计所确定,而技术的功能由使用所赋予。2012年,陈凡、徐佳发表的《论技术人工物的功能归属》得出技术人工物的功能在本体论是一种主观的存在,在认识论上是一种客观的判断。2012年,秦咏红发表的《可用性及其对技术人工物主客体关系的影响》探讨了技术人工物的可用性的三个阶段,分别是有用性、实用性和易用性,对应着决策者、设计者和使用者,阐释了技术人工物的可用性与主客体的关系。2014年,陈凡、徐佳发表的《技术人工物的功能理论及其重构》,从传统功能理论及其对技术人工物功能失常的解释困境,全面分析了意向性—因果角色—进化论功能理论对传统功能理论的超越及重构。2016年,吴国林发表的《论技术人工物的结构描述与功能描述的推理关系》,利用赖欣巴哈(Reichenbach)关于量子力学逻辑的三值逻辑系统,引入最小的结构与功能相统一的方式,建立结构描述与功能描述之间的技术推理关系。2018年,李福发表的《产业视域下人工物的价值概念分析》探讨了产业价值下人工物客体与主体之间的关系。

3. 技术人工物社会化层面的相关研究

技术人工物社会化层面研究,主要集中在技术人工物与社会发生关系,以及技术人工物在社会环境中的实践及发展。这些研究为技术人工物在伦理转向层面奠定了情景因素,将技术人工物引入到社会情境中研究。2005年雷毅发表的《论人工物的社会化》一文,探讨了人工物通过产业化过程对社会发挥影响作用，从社会视角观察人工物的发展。2008年胡飞、胡俊发表的《设计科学：从造物到成事》，从设计科学的角度对人工物的造物与成事进行了解析。2018年李三虎发表的《技术符号学：人工物的意义解释》从技术符号学的角度指出，技术人工物能够展示出它在设计、生产、使用和背景的深度实在性。2016年李三虎发表的《试论技术人工物的实在性》表明技术人工物是物向度的技术实在，是一种内在的关联物。2018年罗玲玲、魏春艳发表的《技术人工物发展的生态逻辑》，将技术人工物经历分为以工具为核心的发展阶段、以动作机器为核心的发展阶段和智能人工物三个阶段，并探讨了每个阶段形成的内在逻辑。

1.3.2 技术哲学伦理转向研究综述

经典技术哲学的研究始于20世纪初，经历了近一百年的发展历史，聚焦在技术与社会的关系哲学视角，反思技术引发的社会问题，以社会批判的眼光看待技术的负面影响，并进行哲学层面的反思。该阶段对现代社会和文明的正面推动作用，先验地对社会技术持单边否定态度，不关注技术及其进展，只讨论宏观和抽象的技术，最终技术哲学家团体被冠以"不懂技术且憎恨技术"的标签。现代技术哲学从20世纪90年代逐渐过渡到技术哲学的经验转向运动，代表人物是克洛斯（Peter Kroes）和梅耶斯（Anthonie Meijers），他们发起了"技术哲学的经验转向"研究纲领，强调技术哲学分析应该基于可靠的、充分的关于技术的经验描述。

随后，菲利普·布瑞（Philip Brey）对技术哲学的经验转向进行了总结，认为技术哲学存在两种经验转向，将ET1的研究进路与经典技术哲学的研究进路都称为"面向社会"（society-oriented）的技术哲学研究，而称ET2的研究进路为"面向工程"（engineering-oriented）的技术哲学研究。

第一种经验转向（ET1）产生于1980年至1990年前后，以阿尔伯特·伯格曼（Albert Borgmann）和拉图尔（Latour）等学者为代表。面向社会层面的技术哲学经验转向，将关注点聚焦在技术与社会的层面，运用技术哲学的理论和方法，对技术社会产生的具体实际问题进行批判与反思，以全新的视角创建出了许多全新的理论框架和内容，用以解决科学、技术与社会间的问题。

第二种经验转向（ET2）发生在1990年至2010年前后，以米切姆（C. Mitcham）、约瑟夫·皮特（Joseph Pitt）、克洛斯（Peter Kroes）和梅耶斯（Anthonie Meijers）等学者为代表，大部分来自美国技术现象哲学、荷兰技术哲学和部分法国技术哲学的研究者，支撑起了现今技术哲学研究的半边天。面向工程的技术哲学经验转向，用工程的视角解读技术及其产物的作用关系，强调工程技术在哲学当中的推动意义，以积极的实践论改变技术哲学理论的困境。其间产生了许多著作，如约瑟夫·皮特（Joseph Pitt）主编的《技术哲学新方向》（New Directions in the Philosophy of Technology）、克洛斯（Peter Kroes）和梅耶斯（Anthonie Meijers）主编的《技术哲学的经验转向》（The Empirical Turn in the Philosophy of Technology），梅耶斯（Anthonie Meijers）主编的《科学哲学手册》（Handbook of the Philosophy of Science）第9卷《技术与工程科学哲学》（Philosophy of Technology and Engineering Science）等。尤其在荷兰，技术哲学形成了一定的规模，称为荷兰技术哲学学派，集中在荷兰代尔夫特理工大学、埃因霍温理工大学、特文特大学等数十所以工程学科见长的高校哲学和工程系中，保罗·杜尔宾（Paul T. Durbin）曾在《技术哲学：话语体系的寻找》中做了高度评价。

技术哲学的两种经验转向如图1-1所示。

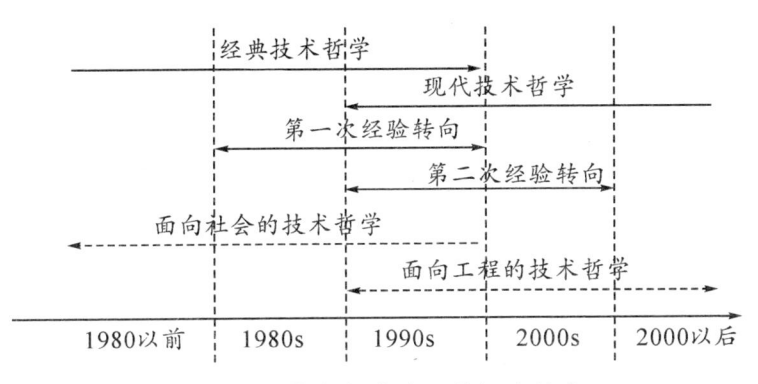

图 1-1 技术哲学的两种经验转向

另外,美国技术哲学家米切姆(C. Mitcham)在《技术哲学概论》一书中系统梳理了技术哲学转向的内涵。他认为,第一种经验转向的技术哲学多以工程学传统为基础,如英国技术哲学研究者德克斯(Dicks)、德国技术哲学研究者基默尔(Zschmmer)、德绍尔(Dessauer),日本技术哲学研究者武谷三男,美国技术哲学研究者杜尔宾(Durbin)、伊德(Ihde)、费雷(Ferre)等;第二种经验转向的技术哲学多以人文传统为基础,如美国技术哲学研究者芒福德(Mumford)、杜威(Dewey)等,法国技术哲学研究者埃吕尔(Ellul)等。双方对于技术哲学的切入视角有着本质区别,看待问题和解决问题的思路各有适用性和局限性。

作为"经验转向"运动的一种矫正,技术哲学界发生了"伦理转向"。但现阶段技术伦理学往往基于传统伦理学的理论、框架和原理进行分析。维贝克(P. Verbeek)认为,为了克服这种挑战,技术哲学需要进行"第三次转向",以整合第一次经验转向和第二次经验转向的优点,用融合的视角推动技术哲学伦理转向的发展。潘恩荣认为,将经验转向嫁接到工程伦理研究中,有可能成为解决该种困境的一条出路。

国内对技术哲学转向的研究主要集中在经验转向,对伦理转向逐渐开始探索。2008年陈凡、傅畅梅发表的《现象学技术哲学:从本体走向经验》讨论了经验的现象学技术哲学的多向度问题及研究路径。2012年潘恩荣发表的《技术哲学的两种经验转向及其问题》中树立了技术哲学的两种经验转向及其两种新技术哲学的研究路径，探讨了分裂的原因及对策。2015年王前、杨阳发表的《机体哲学视野中的人工物研究》，从机体哲学角度分析人工物的机体特性，有助于协调人工物发展与人类社会生活之间的关系，消除人工物发展中的"异化"现象。2016年芦文龙发表的《技术人工物作为道德行动体：可能性、存在状态及伦理意涵》认为"人—技术"综合存在于技术人工物的自主性和道德性时，技术人工物才作为道德行动体存在（见图1-2），他进一步扩展了技术设计者的伦理责任，尝试性地将技术人工物放置于伦理学范畴进行研究。

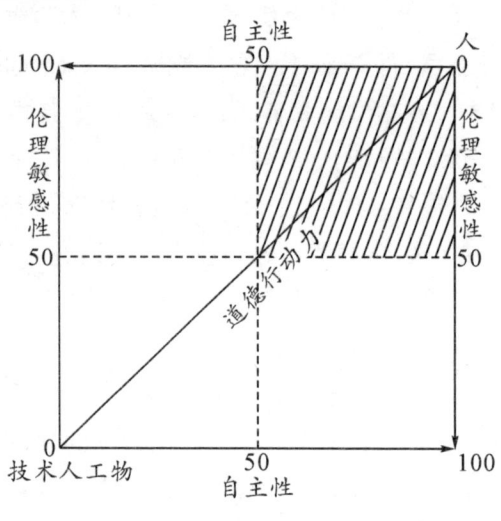

图1-2 "人—技术"综合存在图

1.3.3 技术人工物设计伦理研究综述

技术人工物设计伦理相关研究，主要集中在技术本身是否具有道德意向性、技术道德化等方面。2013年刘宝杰发表的《技术—伦理并行研究的合法性》讨论了技术—伦理并行的价值敏感设计、设计伦和使用伦理的分离、技术与伦理的动态契合性等问题。2013年杨庆峰翻译维贝克（P. Verbeek）《伴随技术：伦理转向之后的技术哲学》中论述了人的中介特性和新型的人与技术的交互关系，并为这种关系的有效构建奠定了伦理学基础。2016年李三虎发表的《在物性与意向之间看技术人工物》提出了将功能意义作为被解释的对象，把一切相关的因素作为解释要素，从二元论转换到一元论，以解决技术人工物在本体论上的"硬问题"。2016年顾世春发表的《技术人工物本性理论的新发展研究》从综述的角度介绍了技术人工物的发展脉络，并指出了设计伦理发展的可能性。2017年刘铮发表的《技术物是道德行动者吗？——维贝克"技术道德化"思想及其内在困境》，从批判的角度解析了维贝克（P. Verbeek）的技术道德化和行动者理论，指出"道德行动者"描述技术物的某种道德作用的"词语之争"和其道德化思想仍然是现代性主客二分哲学传统的翻版。2017年李福发表的《人工物研究中的三大关系问题分析》探讨了技术与社会相互作用关系的"过程黑箱"问题、人工物结构与功能对应关系的"逻辑鸿沟"问题、技术与经济结合关系的"两张皮"问题。2018年胡婕妤、王前发表的《技术人工物使用寿命的机体哲学分析和伦理反思》讨论了技术人工物使用寿命引发的伦理问题。

1. 人机融合的人工物设计伦理研究

随着人工智能技术的发展，人机融合的人工物开始成为研究者讨论的焦点。一方面，聚焦在技术与人的主体性的伦理问题；另一方面，聚焦在人机融合后的技术人工物的伦理意向性问题。2018年王绍源、任晓明发表的《从机器（人）伦理学视角看"物伦理学"的核心问题》探讨了技术人工物在"人—技术"交互情境中"物"转向后的伦理问题。2018年顾世春发表的《荷兰预判性技术伦理思潮研究》系统地介绍了ATE、NEST-ethics和瓦尔博斯（Katinka Waelbers）预判性技术伦理责任的特质及实践价值。2018年闫坤如发表的《技术设计悖论及其伦理规约》讨论了技术设计悖论根源和逻辑，必须呼吁技术道德的回归、技术设计者的伦理责任的规约，以及技术设计的制度规范才可以消解技术悖论。2018年杜严勇发表的《机器人伦理研究论纲》，对机器人伦理的背景与意义、学科定位与特点、基本原则与问题展开了讨论。2019年李建中发表的《人工智能：不确定的自主性知识创造》讨论了人工智能的自主性、不确定性、创造及其局限。2019年高慧琳、郑保章发表的《基于麦克卢汉媒介本体性的人机融合分析》，从人与机器的感知融合、行为融合和思维融合，探讨了人机融合的本体性、渐进性和辩证性及其对人类行为和社会发展的影响。2019年王娜、王成伟发表的《技术人工物价值模糊的责任伦理之维》探讨了技术人工物价值模糊表现，并为被其引发的伦理责任危机和责任伦理寻求解决路径。

2. 设计伦理中设计者的责任研究

设计者是技术人工物的制造者，其责任成为实践技术哲学讨论的焦点。对设计者的责任约束、伦理约束，以及设计者设计技术人工物的理念，成为这一范畴研究的主体。2003年张夫也发表了《如何使伦理观念成为设计师的自觉意识》，从设计思想和人文情怀两个维度展开了探讨。2003年郑也夫发表的《人本：设计伦理之轴心》从人本的角度探讨了生活中常见的人工物的设计伦理的核心问题。2003年翟墨、陆少游发表的《质疑"人本设计"——致郑也夫》从批判的角度对郑也夫提出的设计伦理的"人本"轴心，揭示了人本设计伦理尽头的人类中心主义，并从道家的思想启示中提出了"人机工程"和"人性化设计"的设计伦理观点。2005年胡鸿、舒倩、韩宇翃发表的《设计伦理与当代设计》通过东西方不同文化的设计伦理探讨，提出当代设计伦理要立足在全人类发展的基础上，确立了设计对科技和社会的重要性。刘林发表的《现代设计的伦理观解析》从现代设计伦理观形成和发展，分析其内涵和实践中的困境。最早把现代设计与道德问题联系起来的是约翰·拉斯金（John Ruskin）和威廉·莫里斯（William Morris），他们对大机器生产的人工物进行批判，提出了为大众服务的主张。包豪斯时期，现代设计在探索"为大众设计"的实践道路，确立了功能主义原则和标准化、批量生产的设计方式。1960年前后随着全球环保意识的觉醒，人们对技术人工物快速增长的时代进行反思，以《寂静的春天》和《增长的极限》为代表的一大批"绿色文献"和社会发展理论推动了可持续设计的责任伦理观念产生。1970年能源危机的爆发使得维克多·帕帕奈克（Victor Papanek）提出人工物（产品）的设计要遵循3R（Recycle/Reuse/Reduce）核心原则，即再循环、再利用和最少消耗的设计原则。

设计者的伦理责任程度随着社会发展始终在发生变化。2007年张丽娉发表的《身体的"解构"：后现代设计伦理镜像之解读》从身体与设计的互动关系出发，对社会映射出的娱乐、解放、消费和关怀，解析了设计伦理的镜像。2008年顾群业、王拓发表的《对设计"以人为本"和"绿色设计"两个观点的反思》，以批判性视角对"以人为本"和"绿色设计"进行了解析，提出改造"人"的思想观念，摒弃"人类中心主义"的思维观念。2009年朱勤发表的《米切姆工程设计伦理思想评析》讨论了设计工程师需要承担"考虑周全的义务"，需要处理好工程设计与社会伦理之间的关系。2009年姜松荣发表的《"第四条原则"——设计伦理研究》，在实用、经济、美观三个设计的基本原则之后，提出了设计的第四个原则，即设计伦理，从历史文化的角度系统地展开了论证。2009年郭丽、欧新菊发表的《现代设计的伦理道德的演化和意涵研究》，在研究设计伦理道德演化过程的基础上，提出了现代设计诉求的伦理道德意涵。2010年陈剑发表的《设计为人：一个中国设计的基本命题》通过中西方的造物与设计的伦理思想讨论，提出"设计利人"的设计基本命题。2010年孙蔚、王伟发表的《科技发展与发展中的设计伦理观》，从科技进步、人性化设计、舒适生存设计和人性退步几个方面，探讨了科技与设计的伦理关系。

随着技术发展和社会实践设计者的伦理约束逐渐完善。2011年周博发表的《维克多·帕帕奈克论设计伦理与设计的责任》，从生产和消费设计方面，系统地梳理了维克多·帕帕奈克（Victor Papanek）的设计伦理观点，周博也是国内较早系统梳理维克多·帕帕奈克设计伦理观点的学者。2012年祝帅发表的《设计伦理：理论与实践》提出设计伦理偏离了设计创造时间和设计产业，缺乏专业伦理学和其他学科资源支持，很难上升到学术和伦理层面，比较一般化。2016年王以梁、秦雷雷发表的《技术设计伦理实践的内在路径探析》，提出技术伦理需要走出外在进路，走出单纯的科学化的倾向，通过建构性技术评估和道德化设计等内在进路，真正实现技术设计的伦理介入。2017年廖宏勇发表的《"自律"与"他律"之辨——"公共性"作为信息设计的伦理意向》，指出信息设计范畴的"公共性"是设计在人的"生理尺度""心理尺度"之外的一种道德"律"，提出了两条进路，即"自律"和"他律"。2017年12月24日第四届全国赛博伦理学暨人工智能伦理学研讨会在湖南长沙召开，学者分别从人工智能道德哲学、人工智能道德算法、人工智能设计伦理和人工智能社会伦理几个方面展开探讨。2018年王珀发表的《无人驾驶与算法伦理：一种后果主义的算法设计伦理框架》从后果主义角度对无人驾驶汽车伦理问题展开了讨论。

3. 设计伦理实践层面的研究

　　设计伦理实践层面的研究主要聚焦在技术人工物实体层面相关的研究议题，并结合智能产品化、网络时代、城市背景、弱势群体等展开实践层面的研究。2002年王健发表的《产品设计中的伦理责任——由一起"果冻"伤害案引发的思考》探讨了产品设计阶段伦理责任承担主体问题，并总结出了产品设计中的四种主要伦理责任。2004年李飞、刘子建发表的《设计中的设计伦理》阐明了技术产品设计伦理的内容是绿色设计、人性化设计和环境设计，并对设计师和设计教育工作者的责任提出了责任要求。2005年吴晓莉、党明发表的《以设计伦理为导向的"HIGH DESIGN"思想的提出》分析了技术产品与人类产生距离的原因，提出产品与服务应该能够实现使用者的品质，需将设计伦理导入到设计思想当中。2007年杨慧珠、陈建华、郭晓燕发表的《基于伦理学的产品设计》探讨了产品设计伦理现象和设计师承担的伦理责任。2007年方晓风发表的《筷子·时钟·奥运火炬——伦理思考的文化立场》以日常生活中的筷子、时钟和奥运火炬为切入点，论述设计伦理的文化立场。2007年江牧发表的《工业产品设计安全的伦理剖析》从传统工艺品和现代工业产品中的案例出发，提出产品设计中有关人类安全的伦理成分和设计师应该承担的安全问题。2015年姚雪凌发表的《文明的虚设——老龄化社会设计伦理的价值判断》提出设计师应该关注老年人的设计需求，使老年人享受美好生活。2016年吴志军、彭静昊发表的《工业设计的伦理维度》提出工业设计应该体现技术伦理、社会伦理、生态伦理和利益伦理的内在要求，工业设计伦理的价值边界是工业设计道德合理性存在的边界。

伴随着网络信息技术和人工智能技术的发展，技术人工物逐渐走向虚拟化和智能化的发展方向，从"物"转向"非物"的实践领域，从单一的技术物走向人机融合物的发展方向，设计伦理的主体关系逐渐发生转变。2011年陶然、周艳发表的《论智能化设计中的设计伦理》，在分析智能化生存特征的基础上，提出了基于设计伦理的智能化设计思路和方法，认为未来智能化设计具有一定的伦理风险。2012年吴琼发表的《信息时代的设计伦理》论述了信息时代设计目标、内容和伦理的演变，提出了理性地运用信息技术为人类的发展构建和谐的人机关系。2016年王海智、刘嘉琪发表的《设计伦理视域下网络游戏的三个伦理悖反》，从网络游戏的形式与内容、行为与经验、角色的能指和所指，得出用户在设计与伦理指向上发挥了重要作用。2018年张英发表的《关于智能产品设计伦理问题的研究》，提出智能产品取代人类和智能产品增强人类，在此基础上讨论了智能产品设计师与设计师的关系。

技术人工物的扩张导致社会空间和地理空间的扩张，由前现代技术人工物组成的技术都市，逐渐走向多元的生活世界。2016年朱力、张楠发表的《"广场舞之争"背后的公共空间设计伦理辨析》，提出适合当下中国的城市公共空间设计伦理原则——"合理区分""公众决策"和"便于管理"等，为公共空间提供理论参考。2017年秦红岭发表的《追寻美好：城市设计伦理探讨》提出当代城市设计伦理的三个价值目标和基本原则，分别是城市形态人性化、城市环境宜居性和公共空间公平性，公共性原则、以人为本原则和可持续原则。2018年熊兴福、赵祎祎发表的《基于设计伦理理念的公共服务设施探析》，从应用设计伦理学角度讨论了公共服务设施的设计需要做到人与自然、环境、资源利用的和谐统一。

4. 文化和艺术对设计伦理的影响研究

将设计伦理放置在文化和艺术语境中去研究，从人类文化和艺术视角去审视设计伦理的相关进展，有别于以技术为主线的伦理审视，主要集中在艺术与设计、传统文化、儒释道思想等议题的研究。1997年许平、刘青青发表的《设计的伦理——设计艺术教育中的一个重大课题》探讨了伦理学进入设计行为的社会责任和设计教育的问题。1998年许平发表的《关怀与责任——作为一种社会伦理导向的艺术设计及其教育》从现代设计伦理缺失的角度批判地分析了设计教育面临的困境。2006年江牧发表的《设计伦理之道》从实践、文化和技术的角度探讨了人与物之间的设计伦理关系。2007年李砚祖发表的《设计之仁——对设计伦理观的思考》从设计伦理的价值、道德准则和精神品质展开了探讨。

中国古典哲学思想值得当下中国语境的技术人工物设计伦理研究进行借鉴。2009年姜松荣发表的《中国传统社会设计伦理的历史考察》，从中国传统伦理学的角度，考察中国传统社会中的设计伦理准则。2010年田辉玉、吴秋凤和管锦绣发表的《中国现代设计伦理失范及成因探析》，讨论了中国现代设计伦理失范是由于功利主义驱动、消费主义诱使、设计伦理教育缺失、现代设计伦理规范缺乏和设计人员伦理道德意识淡薄而导致的。2014年潘鲁生、殷波发表的《设计伦理的发展进程》提出设计伦理的演进与社会发展进程相契合，凸显了不同时期的核心要素与支配作用。2016年高兴发表的《孔子仁学与创意设计伦理之辨》从孔子仁学与创意设计的关系上，探究实践支撑和发展导向。2016年徐平华发表的《墨子设计思想的伦理意蕴》，系统探讨墨子的"兼相爱"的设计伦理原则，"利人""节用""非乐"的设计伦理标准，"兴天下之利，除天下之害"的设计伦理目标，主张以"爱人若己"的"兼爱"伦理，取代"爱有差等"的"仁爱"伦理。2016年张君发表的《物质文化视阈下设计的伦理反思》，将设计活动置于文化视阈中，讨论了设计作为生产与消费、技术与文化、生态与经济之间的桥梁作用，提出设计伦理的思考从物质层面走向制度层面和观念层面。2017年谢玮发表的《〈周礼•冬官•考工记〉设计伦理分疏的研究价值》，从《考工记》中挖掘了"知者创物，循天时、守地气、求材美、树工巧，一器而工聚"的设计伦理价值。2018年朱怡芳发表的《从手工艺伦理实践到设计伦理的自觉》，提出手工艺伦理的本质是"美德"。

1.4 研究思路与方法

1.4.1 研究思路

本研究在技术哲学两次经验转向研究（即技术哲学面向社会的第一次经验转向和面向工程的第二次经验转向）的背景之上，对技术人工物设计伦理转向进行探析。基于唐•伊德（Don Ihde）"人—技术"关系理论、布鲁诺•拉图尔（Bruno Latour）"人工物社会"思想和维贝克（P. Verbeek）"道德物化"思想等理论依据，研究设计者、使用者、技术功能、物理结构作用在技术人工物的设计过程中，伦理性问题的原因、发展、转向内涵及治理路径。

具体研究思路如下：第一，基于社会语境和理论研究背景提出研究问题；第二，系统回顾国内外相关文献，并进行技术人工物、设计伦理、人与技术关系理论等核心概念的界定；第三，梳理技术人工物设计伦理转向的条件；第四，运用现象学还原法和归纳推理法等，揭示技术人工物设计伦理的"去中心化"过程和"道德意向性"；第五，推导出技术人工物的"物律"设计方式，通过个例枚举的方式解释日常生活世界中的技术人工物；第六，对技术人工物设计伦理转向的路径进行归纳推理，得出技术人工物设计伦理的技术治理路径。

1.4.2 研究方法

1. 现象学还原法

本研究从技术现象学的角度谈论技术人工物设计伦理的转向，运用技术现象学的手段，压缩大事件段为背景，以点状事件为矩阵，将问题置于其中，依据技术人工物发展规律的趋势，通过实在与意识之间的转换，趋向技术人工物朝向设计伦理的规律，并通过停止和还原已发生的现象规律性得出该问题的意向性特征。

2. 归纳推理法

本研究采用了归纳法中的不完全归纳推理，由一定程度的技术现象归纳出技术人工物设计伦理转向的可能性，推理出技术人工物设计伦理转向的几个层面，并运用不完全归纳推理的比较、归类、分析与综合、抽象与概括的基本形式，完成技术人工物设计伦理转向研究。

3. 个例枚举法

本研究依据技术人工物的技术程度和伦理属性，从低技术人工物到高技术人工物，从物准则到人属性的技术人工物，选取具有代表性的具体案例（如共享单车、智能穿戴服装、保姆机器人和基因编辑婴儿），作为诠释技术人工物设计伦理的实践层面，探讨技术人工物设计伦理转向的内涵、轨迹和治理路径等问题。运用唐·伊德"人—技术"关系理论、布鲁诺·拉图尔"人工物社会"思想和维贝克"道德物化"思想作指导，解析具体案例中技术人工物的设计者、使用者、设计情景和使用情景四个属性在设计伦理转向中的存在形式和道德价值，并结合案例的具体现状提出问题和反思。

4. 文献研究法

收集整理与本研究相关的国内外文献，主要包括技术人工物和设计伦理的学术发展、唐·伊德"人—技术"关系理论、布鲁诺·拉图尔"人工物社会"思想、维贝克"道德物化"思想、技术哲学荷兰学派、生活世界理论等。通过整理、分析和归纳翔实的文献信息，运用现象学还原法和归纳推理法等手段，在长线条的历史脉络中，梳理出一条辩证的路径，探析技术人工物设计伦理转向的整个系统。

1.4.3 技术路线图

本研究的技术路线图分为研究过程、研究内容和研究方法三部分。具体如图1-3所示。

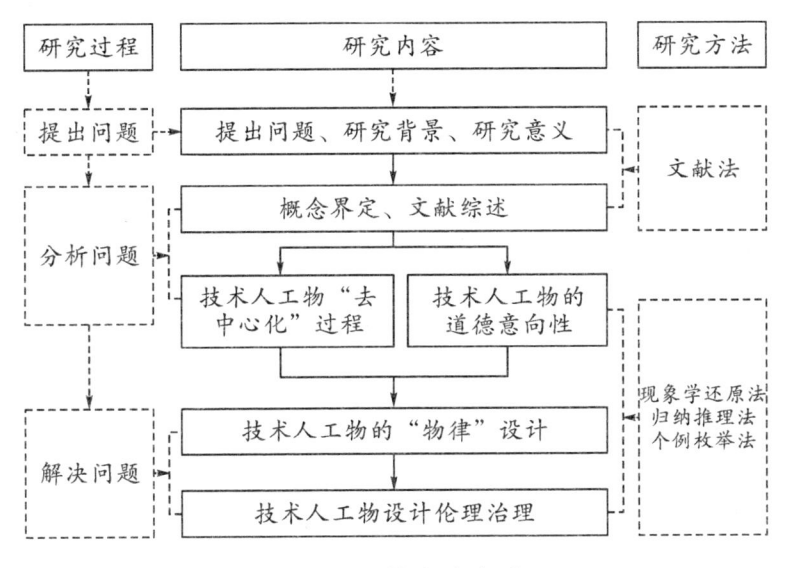

图1-3 技术路线图

1.5 研究的创新之处

本研究的创新之处主要有以下几点。

第一，研究选题视角新颖。本选题从"物律"的内在技术路径探讨技术人工物设计伦理转向，把技术人工物从设计的开始悬置于技术的伦理意向性视域之中，将各个行动者的价值与责任范围细分，进而明确无论是技术主体还是技术自身都应该承担相应的责任。在技术治理路径方面，提供了技术内在关系治理路径、混合式系统治理路径和价值敏感设计治理路径，分别针对不同程度的技术人工物提供技术治理参考，以多元化的视角解决技术人工物设计伦理转向中的问题。试图通过技术人工物的"物律"设计方式，完成"设计即治理"的技术内在治理进路，用"善"的设计方式铸就美好生活世界。

第二，研究内容具有跨学科属性。本研究融合了技术哲学、技术伦理学、技术现象学、设计科学等多个交叉领域的知识，突破了以往单纯从技术哲学或传统伦理学的视角看待问题的方式。集合唐·伊德"人—技术"关系理论、拉图尔"人工物社会"思想和维贝克"道德物化"思想，试图从技术、人和物融合的视角重新认识技术人工物的伦理问题，通过哲学的视角进行思考，丰富技术哲学的发展路径和方向。

第三，研究价值紧跟时代语境。随着新兴技术不断发展，技术设计伦理问题成为科学技术进步的重要因素，是当代科学、技术与社会的时代命题。本研究通过现象学还原法和归纳推理法等手段，归纳推理出技术人工物设计伦理的"去中心化"过程和技术人工物的"道德意向性"，试图弥合面向社会的第一次经验转向和面向工程的第二次转向的不足。选取了现阶段典型的技术人工物设计伦理转向案例，如共享单车、智能穿戴服装、保姆机器人和基因编辑婴儿，以具体的案例诠释技术人工物设计伦理转向的内涵，尝试性地探索解决随时代发展而产生的新命题。

1.6　本章小结

本章通过对技术人工物设计伦理转向的背景和意义进行阐释,运用文献研究的方法,梳理出技术人工物设计伦理转向的相关文献研究。在此基础上,提出本研究的探讨思路,通过技术还原、归纳推理和个例枚举等研究方法,展开技术人工物设计伦理转向的研究,并绘制出技术路线图,指导本研究的探析路径。针对前人对技术人工物研究的视角、理论方法和技术治理路径等方面的不足,以及现代技术设计语境下的局限性等问题,进行了系统的梳理,确定了本研究的伦理转向视角。

第 2 章 技术人工物设计伦理转向相关概念与理论依据

2.1 技术人工物设计伦理的相关概念

2.1.1 技术人工物的概念界定

技术人工物包含"技术"和"人工物"两个概念,需要对"技术"和"人工物"进行解析。

"技术(technology)"源于希腊文"techne",原意为技艺或技能,指对某种工具和材料使用的手艺。1640 年前后,伴随英国查理一世(Charles I)推行资产阶级革命,逐步出现了原始手工业的机械化萌芽,对技术的需求日益增加,从而促进了技术内涵的升级和手工制品的工业化趋势。直到 1845 年前后,马克思(Marx)对约翰·贝克曼(John Beckmann)的相关工艺学手稿进行整理时,发现其对技术的定义,即指导物质生产的科学和工艺知识。而后,弗里德里希·拉普(Friedrich Rapp)将技术定义为制作人工物的工艺和方法;马里奥·邦格(Mario Bunge)将其定义为科学的具体实践与应用。远德玉和陈昌曙在《论技术》著作中,将技术表述为自然间人工化的过程和手段;陈凡和张明国把技术定义为"人类在利用自然、改造自然的劳动过程中所掌握的各种活动方式的总和。

人工物的概念是相对自然物的概念而产生的,是指人以自己的意志、知识、能力和价值观,运用技术和技术手段,通过生产劳动作用于自然或人工自然而产生的、满足人或社会需求的第二自然物,是构成人工自然的细胞。而人工自然是相对天然自然来说的，人工自然是利用实践经验原理打开技术黑箱，把技术的概念放到经验世界中进行考察，存在与社会系统、生活世界相连的，来自经验世界的一种产物。陈昌曙认为，在人与自然界之间，依据程度不同，存有三种关系：第一种，通过设想和推论而不影响人与自然界的关系；第二种，不对自然界加以控制和改造，人与自然间有所影响而产生关系；第三种，通过控制、改造和加工与自然界发生关系。

技术人工物来自国外的技术哲学体系，是一个抽象概括人类劳动的概念，它的名称很多，如人工物、技术物、人造物、器具、器件、物件、物品、产品、人工制品等。英语里也有许多表示此类的词，如 artifacts, technical artifacts, useful things, products, goods, manufactured objects 等。目前比较常用的是荷兰代尔夫特理工大学（Technische Universiteit Delft）对其的称呼，即称为"Technical artifacts"或"Artifacts"，通常在中文语境中翻译为"技术人工物"。

技术人工物是通过技术实践活动而生成的存在物，是人工自然的一部分，是用一定材料或要素制造出来的人工物，或人为参与设计、制造和改造的存在物，如无人驾驶汽车、手术机器人、保姆机器人、基因编辑产物、纳米材料产物等。"技术人工物"这个概念源于1993年兰德尔·迪珀特（Randall Dipert）的分析。1998年前后荷兰技术哲学家克洛斯（Peter Kroes）和梅耶斯（Anthonie Meijers）将其发展为成熟的研究范式，他们用两个三角关系来阐明这几个基本概念之间的关系：结构—功能—目的（structure - function - intention），技术人工物—实物—社会人工物（technical artifact - physical object - social artifact）。国内20世纪80年代从人工自然研究逐渐过渡到人工物的研究，21世纪初正式对技术人工物进行研究。随着技术水平的提升和伦理问题的显现，技术人工物的技术治理相关问题受到了伦理学家和技术学家的关注。

随着科学技术的发展，技术人工物不再是物理层面的物化，出现了虚拟化的技术人工物，以及技术化层面的知识技术人工物，其形态由可见的状态扩展为不可见的状态，由可控制状态变为不可控制状态，由低技术状态走向高技术状态，如虚拟现实技术人工物、纳米技术人工物等多种形态。技术人工物的概念逐渐被延展，广义的技术人工物泛指技术及其产物，不再拘泥于物化形态，强调人和技术的参与要素，其概念更加开源和宽泛，其探讨边界更加多元和深刻，在技术哲学抽象概括层面增加了延展性和可塑性，但其内涵层面没有发生太多变化，仍然是以技术为内核的、抽象概括的哲学研究对象。技术人工物的分类和技术治理方面增加了许多科学研究的主题，拓展了技术人工物的研究边界和方法，同时也引入了更多其他学科的概念和交叉问题，符合当下时刻发展变化的技术状态，丰富了技术哲学的存在。

2.1.2 设计伦理的概念界定

设计伦理包含"设计"和"伦理"两个概念。

"设计（Design）"是一个外来词，经日本相关研究者翻译英文里的"Design"一词而来，近现代传入中国文化语境中，成为热门词汇。日文在翻译"Design"时，除了使用"设计"这个词以外，也曾用"意匠""图案""构成""造形"等词来表示。我们在谈"设计（Design）"这个词之前，首先要了解英文中的"Design"从何而来。英文的"Design"源自拉丁语的"de-sinare"，是"作-记号"的意思。从16世纪的意大利文"desegno"开始，有现今"Design"的含意，后经由法文的中介，为英文所引用，成为现今英文中的"Design"。英文里的"Design"意为设计、制订计划、描绘草图并逐渐完成精美图案或作品。从文艺复兴开始，慢慢形成以建筑专业技艺为首，并结合绘画专业技艺与雕塑专业技艺的传承，三者合称为造型艺术，统称为"设计（Design）"。后随着科学技术的发展，设计一词被引入到技术程度更复杂的工程领域中，衍生为"技术设计"。但常常采用"设计"来泛指科学技术产生过程的能动性，常见的有实验设计、工程图设计和流程设计等，均属于技术设计的某个环节或范畴，后经与伦理学研究的交叉，产生"设计伦理"的概念。

"伦理"的英文用词是"ethics"，其来自希腊文"ethos"，可以翻译为"习俗"或"道德"，又可翻译为"信念"。什么是正确或错误？什么是聪明或愚蠢？研究这些问题的学问统称为"ethics"。通常情况下，一般性伦理学可以等同于道德哲学或者道德学，或道德等同于伦理。但特定情境中存在狭义和广义的界限，存在适用性和局限性的部分。吉尔·德勒兹（Gilles Deleuze）认为道德是一套特殊的强制性规则，通过判断和行为关联着人类的超验性价值，但伦理是人类日常生活中的规则秩序，关联着日常生活的行为和经验价值。因此，伦理是现实生活世界及其秩序，而道德是主观精神操守，不是主观精神决定现实生活世界及其秩序，而是现实生活世界及其秩序决定道德的内容。

"伦理"一词在中国现代汉语词典中有两种解释。第一种解释：事物的条理。《礼记·乐记》："凡音者，生于人心者也；乐者，通伦理者也。"郑玄（注）："伦，犹类也。理，分也。"宋苏轼《论给田募役状》："每路一州，先次推行，令一年中略成伦理。一州既成伦理，一路便可推行。"明郑瑗《井观琐言》卷一："马迁才豪，故叙事无伦理，又杂以俚语，不可为训。"第二种解释：人伦道德之理，指人与人相处的各种道德准则。其中，《朱子语类》卷七十二中讲道："正家之道在于正伦理，笃恩义。"贾谊《新书·时变》中说："商君违礼义，弃伦理。"因此，伦理一词在中国认知中存在两条路径，一条集中在人与事物、社会和情景之间的某种秩序，另一条集中在人与人之间的交往过程中处理事务方式的良好惯性准则。

设计伦理是技术设计伦理的缩写，是人类在进行人工物这项设计行为过程中的价值趋向。设计伦理涉及设计实践中的道德行为和负责任的选择，它指导设计师如何与客户、同事和产品的最终用户合作，如何进行设计过程，如何确定产品的特征，以及如何评估活动产生的产品伦理意义或道德价值的设计准则。在设计伦理的研究中，伴随着技术哲学的两次经验转向,同样存在两种语境,即人文视角的设计伦理和工程视角的设计伦理。人文视角的设计伦理更侧重传统伦理学框架,而工程视角的设计伦理更偏向现代技术哲学的语境框架,两者均存在各自的适用性和局限性,需要视具体技术人工物的设计情景而定。

另外,设计伦理可以用来指代设计和伦理之间的至少以下三类关系:第一,当设计者处理适用于规则和规范的时候可能出现的伦理问题;第二,质疑设计者正在创造或设计的选择;第三,考虑设计理念自身如何改变,或通过技术人工物改变我们现有的道德观念。设计的第一个伦理维度源于人的力量或设计能力。人们可以合理地争辩说,设计本身在道德上是中立的,因为设计只是人类行为的工具。然而,设计者在道德上并不中立,他们拥有价值观和偏好,对人类的好与坏的信仰,以及构成个人品格的一系列智力和道德、美德或恶习,设计的力量或能力嵌入在设计者的角色内,也可以通过设计的技术人工物改变使用者的行为习性,进而达到影响社会的目的。因此,设计伦理的价值导向本身具有选择性,"善"的设计价值将人类引向"善"的生活世界,"恶"的设计价值对人类的生活世界产生不良影响,这也为后续高技术人工物的技术设计带来了更为复杂的社会伦理隐患。

2.2 技术人工物的属性和类型

2.2.1 技术人工物的属性

随着科学技术的发展,在技术哲学的经验转向发展路径上,技术人工物本体属性产生了主客体矛盾的现象。技术人工物设计完成后,被投入到日常生活世界中,使用者对技术人工物的结构认知处于一种"黑箱"状态,设计者对于技术人工物的技术功能是否满足使用者需求,同样处于一种"黑箱"状态,两种互为"黑箱"状态的技术人工物,逐渐脱离日常生活世界。在日常经验社会中,技术是常规的客体,用以满足人的生存和生活需求，但当技术发展到一定程度时，技术成为阶段性的主体，人成为技术的附属品，这种潜在的发展趋势存在指引我们走向技术中心主义危险道路的可能性。因此，技术人工物特定阶段需要处于一种技术"透明"的状态，需要对技术人工物的本体属性进行还原，在本体论层面厘清技术人工物的内涵和外延的界限，充分挖掘技术人工物在其发展路径上的潜在价值，正视技术人工物在伦理转向路径上的关键作用。

1. 技术人工物的"二重性"和"三重性"

技术人工物的"二重性"是指结构跟随功能，即通过功能"转译"（translation）为结构，"结构—功能"基于因果关系与行动的语用规则。在工程视角下，技术人工物的"二重性"（见图2-1），更多的是从技术功能和物理结构的功能主义立场考量，对于工程师而言物理结构决定了技术功能，所设计的技术人工物在日常生活中应反复验证和改进。"二重性"的核心在于平衡设计者、使用者和技术人工物之间的关系，明确一系列的技术人工物实践和工程层面的内容范围。人文视角下的技术哲学考虑更多的是物理结构和技术功能如何在应用场景中如期呈现，认为物理结构和技术功能之间存在鸿沟，在不同的使用场景中，物理结构呈现出的技术功能不全然发挥设计者所预期的情景。但荷兰学派技术哲学代表人物克洛斯和梅耶斯提出技术人工物的结构和功能"二重性"，使用传统分析哲学的方法，即"以逻辑为分析工具开展研究"，仍然无法在理论层面得到有效的解释。技术人工物的"二重性"引发了很多争论，最核心问题是技术人工物的结构属性与功能属性如何统一到一个特定的技术人工物身上，这种形而上学的问题很难与技术哲学"经验转向"的目的性相匹配，缺少基于实践性推理的技术本体论。

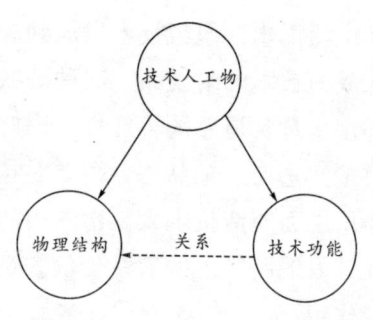

图 2-1　工程视角中技术人工物的"二重性"

国内20世纪80年代从人工自然研究逐渐过渡到人工物的研究，21世纪初正式对技术人工物进行研究。潘恩荣在技术人工物"二重性"的基础上，提出技术人工物结构—功能"类函数模型"，运用"空间分离，时间同步"的逻辑，推导出技术人工物的结构与功能之间的肯定性关系。刘宝杰从认知科学的角度，分析了工程师在设计技术人工物过程中具有自觉跨越结构—功能鸿沟的能力。陈训法和陈凡提出技术人工物的"三重性"（见图2-2），即物理结构性、社会功能性和技术过程性，从自然的因果性和社会的目的性阐释技术人工物的本体属性，技术过程性为前两个属性提供自然转化为人工自然的过程，但大部分研究局限在荷兰、美国等强势技术哲学研究范畴下的演进，很难找到实质性的解决路径。

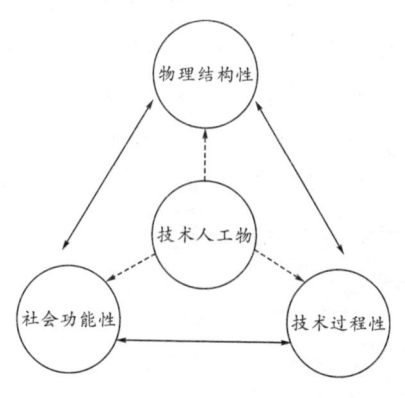

图 2-2　技术人工物的"三重性"

技术人工物的"二重性"也遭到诸多学者质疑。美国技术哲学代表人物米切姆（C. Mitcham）质疑技术人工物的功能和结构是否是二元论问题的延伸，为什么是二重性而不是多重性。李三虎主张技术哲学采用一元论解释方法，将功能甚至非功能的意义作为被解释的对象，而把与此相关的一切因素，如结构或物性、目的或意向、使用和背景等作为解释要素，试图将伦理属性纳入本体论的讨论范畴。不难发现，很多研究是在技术哲学经过两次经验转向的背景下演进的，试图用价值论去弥补技术人工物的本体论和认识论上的隔阂，然而这种做法存在认识上的前提弊端。因此，有学者提出技术哲学的伦理转向，试图从价值论的维度弥补本体论方面的缺陷。

2. 技术人工物中伦理实在性的前提批判

技术人工物的本体属性离不开人赋予其的伦理实在性。西方伦理学某种程度上约等于道德哲学，有时也会通约，但遇到具体情景时存在其特殊性。吉尔·德勒兹（Gilles Deleuze）在《哲学与权利的谈判》中从约束力层面区分伦理和道德的不同，他认为伦理是非强制性的规则，而道德具有某种强制性的规则。伦理是维持日常生活世界发展的秩序，是规范人与人、人与社会、人与自然的参考线，偶尔存在越过参考线的可能性或参考线存在波动性。但中国哲学的传统认知对伦理和道德的诠释有所不同。而道德一词同样分为"道"和"德"两个词，与现在所讲道德的意义有很大不同，如《论语·述而》中说"志于道，据于德"，则属于"礼"的范畴。因此，伦理一词认知中存在两条路径，一条集中在人与事物、社会和情景之间的某种秩序，另一条集中在人与人之间的交往过程中，处理事务方式的良好惯性准则。这两条路径都无法脱离人赋予其存在的实在性，与技术人工物结构和功能的二重性的认知有所出入。工程视角中的技术人工物仅能看到物理结构和技术功能"二重性"的本体属性，而人类在使用技术人工物时，则是在使用情景和设计情景的双向预设中进行（见图2-3）。因而，技术人工物的设计无法脱离人类活动的情景而闭门造车，人类活动情景同样是技术人工物所考虑的本体要素。

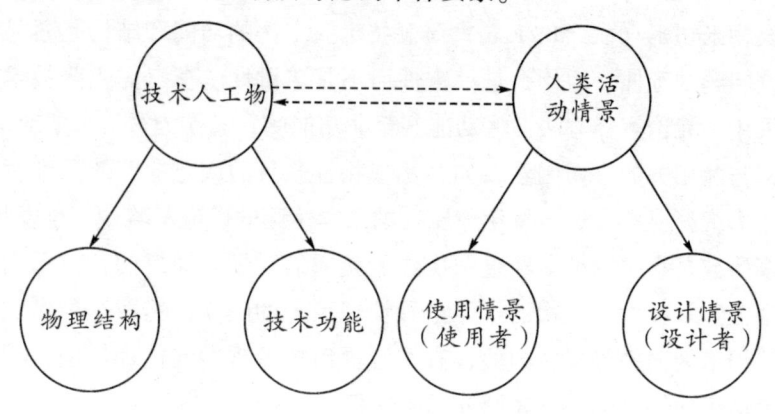

图 2-3　工程视角中技术人工物"二重性"和人类活动"两种情景"

技术人工物是技术的一种物化表现。技术人工物设计的价值便是技术设计的价值体现，具体单项技术人工物的设计过程是基于本体属性的价值化的体现。对于多数的技术人工物而言，本体属性中的物理结构和技术功能的价值增量是缓慢的，更多的价值增量来源于技术人工物本体属性中的设计情景和使用情景，设计情景和使用情景的变化丰富了技术人工物的多样性。我们需要重新回到技术人工物产生的前提，还原至技术人工物还未产生的状态，去讨论技术人工物的本体属性是什么。我们会发现，无论技术人工物如何演变，最初都是在特定设计情景下经由人类设计完成的，即使某些技术功能和物理结构来自人工自然，也无法抹除人与情景作为设计者设计出技术人工物的事实。因此，技术人工物产生的前提，是人赋予技术人工物特定情景下的秩序。

另外，技术人工物本体属性变得模糊的原因，在于看待其本质的时间维度标准不统一，造成了不同人对于不同技术人工物的认知。站在现在观照历史上产生的技术人工物，原始社会捕猎的石器技术含量很低，但在石器产生时代属于高技术人工物的代表，技术的还原维度影响了人们对技术人工物的本体属性的认识。技术人工物的技术功能和物理结构的"二重性",没有彻底还原其本体属性,需要将设计者和使用者中的属性,纳入技术人工物的设计、生产、制造和使用中,即技术哲学经验转向到伦理转向演进的认识阶段,技术人工物的伦理属性纳入技术人工物实在性的前提批判中。

究其根本,该问题可追溯至技术人工物伦理实在性中的"在",是事实的存在还是价值的存在?"事实"与"价值"的争论起源于18世纪英国哲学家大卫·休谟(David Hume)发现人们习惯性地将命题中通常的"是"或"不是"的问题过渡到"应该"和"不应该"的问题,成为哲学当中的"休谟难题"。乔治·摩尔(George Moore)进一步明确说,"是"是一个存在论的概念,"应该"则是一个价值论的概念,而事物的存在作为一种客观、中立的事实,不包含任何的价值判断。因此,"是"的客观存在推导不出"应该"的价值判断,称其为"自然主义谬误"。但问题在于,大卫·休谟(David Hume)在逻辑实证主义时期提出的"事实"与"价值"的二分法,在认识论上,的确可以把"事实"与"价值"区分开来,但"价值"本身也存在于生活世界的实践中。从认识论角度,"事实"与"价值"可以分开,但在价值实践领域,"事实"与"价值"是不可分的。

人本身是一个行动者,在一项技术孕育产生之前,人们无法全面地从认识论上获取该项技术的"事实"。随着技术在生活世界中的广泛推广与运用,技术本身的价值判断才会产生。对于技术这种"事实"与"价值"的矛盾性,英国哲学家大卫·科林格里奇(David Collingridge)在《技术的社会控制》中进行了论述,称这种问题为"科林格里奇困境",好比踩刹车的程度,如果刹车踩得太死,技术发展会受到遏制;如果车速太快,等意识到需要刹车时,便会控制不住,陷入两难的困境。同样,希拉里·普特南(Hilary Putnam)在《事实与价值二分法的崩溃》一书中提出,事实与价值二分法的提出本身不符合客观存在的前提,现实世界中"事实"与"价值"缠结在一起,无法简单地用二元对立的方式划分。希拉里·普特南认为当代研究话语对新兴的伦理学形态有所误解,认为价值论的研究缺少客观性,本体论的研究才具有客观意义。然而,这种所谓的客观并不是来自本体,而是来自事实的判断,源自生活实践的内部,从实践哲学的层面来认识伦理属性的实在性。因此,技术人工物是"事实"与"价值"统一的存在,技术功能和物理结构无法脱离伦理的实在性而存在。

3. 伦理属性作为技术人工物本体属性的考量

在传统伦理学主导的框架中,受形而上学的体系思维影响,将人类主体从物质客体中分离出来,人类拥有主动和意向性的特权,无生命的物体无法成为道德承担的主体,物质客体无法拥有主观能动性的特权,仅仅具有物性自身反射出的功能性。从传统伦理学的视角无法分析出技术人工物是具有伦理性的存在,但现实情况中,技术人工物某种程度上却表现出了伦理属性的意向性,与传统伦理学的解释相悖,我们不得不重新考虑形而上学影响下传统伦理学的解释路径和方式。

但主流伦理学理论未曾给物质客体的道德维度留有余地,人们通常认为伦理学是人类独有的属性。但随着技术赋予物质客体的意向性,技术人工物已经无法安分地处在物质客体层面,人们渐渐意识到技术人工物的客体身份被技术赋予了某种道德维度。因此,关于物的伦理才逐渐受到人们的关注。日常生活世界中各式各样的技术人工物带给我们便利的同时,也框定了我们的行为方式和体验世界的方式,并且塑造着我们一代代人的认知方式和行为方式,同我们共同"进化"和演进。

唐·伊德(Don Ihde)从"人—技术"的关系视角解析技术人工物的本体属性,而非将人类主体和技术客体作为独立的方式进路来展开思考。他将"人—技术"归纳为四种关系,即具身关系:(人—技术)→世界;解释学关系:人→(技术—世界);他者关系:人→技术(—世界);背景关系:人(—技术—世界),从人与技术的互动关系角度探索技术人工物的本体属性,用人与技术人工物的意向性阐释认识世界的逻辑。维贝克(P. Verbeek)认为人—世界关系不应该被视为现在的主体对现在的客体世界的感知和行为关系,而是世界客观与主体主观所经验、所存在的客观世界构成的场所,并不是主客概念先入而是从人与技术关系的视角观察其内在的关系,进而去把握和认识这个世界。因此,用主体和客体来描述人与技术人工物的某种关系是不合适的,他尝试用"主体性"和"客体性"的相关表述方式替代主体和客体的表述。而马克思(Marx)则从人、实践和精神三个层面的认识论视角解析主体性,强调以人的实践活动为前提,从对象化活动中实现主体性的认知。诸多学者在经验转向的技术哲学路径上,试图寻找解答技术本体层面的终极答案,但都具有局限性,才会有部分学者尝试从伦理转向的视角探究其根本,本研究正是在此基础上展开的探讨。

随着技术的发展,技术人工物的表现形式也发生变化,技术人工物中的技术成分逐渐走向人们无法控制的预期,影响人在技术人工物的主体地位。对于技术人工物需要加入伦理指标,或者在技术人工物设计过程中,将伦理属性作为技术人工物的本体属性,从技术人工物的内部路径预防人与技术的主客冲突关系。甚至有必要回到亚里士多德(Aristotle)提出技术与自然并存的时期,重新审视技术中的质料、目的、形式和动力"四因说",重新解析技术对自然的模仿及超越。在战国时期《考工记》中,同样有类似思想的记载:"天有时,地有气,材有美,工有巧,合此四者,然后可以为良。"只有结合时间、空间、材料和能工巧匠,才可以制作出精美的器物,以上四种原典是技术人工物产生的要素,强调了人和自然在技术人工物产生过程中的重要作用。技术与伦理本来是同根同源,经过两种"经验转向"的分化,结构与功能、人与情景逐渐分化出来,遮蔽了技术根源的本质。重新审视人的伦理要素,有助于我们厘清两者的关系,重新思考技术与伦理的演变路径。

维贝克认为技术本身具有"意向",技术不是中性的工具,它们在人与世界的关系中发挥着主动性的作用。例如,电话和打字机最初并不是帮助公众沟通和书写的技术人工物,而是帮助盲人正常生活的一种设备。电话和打印机在使用的过程中,已被解释得与其设计初衷迥然不同。唐·伊德将此现象称为"多元稳定性",即一项技术有多种不同的"稳定性",这取决于其在使用情景中的嵌入方式。技术人工物意向性的伦理内涵存在三个层面,分为能力层级的意向性、指向性层级的意向性和多元稳定的意向性。对能力层级意向性举例说明,火车站安检时,禁止携带匕首等管制刀具,其背后的原因在于菜刀本身具有破坏公共安全的"能力",有助于形成"持刀人"危害其他乘客的生命安全的场景,该场景中的多个技术人工物在特定的使用情境中显现了意向性,人们感受到了这种危险的意向性发生。对指向性层级的意向性举例说明,ATM 取款机通过交互的界面文本信息,解释银行卡里的金钱数额,指引你对自己银行卡存款金额的认知;温度计作为非具身的技术人工物的他者,给予现实温度的表征,技术人工物指向某种特定的意向,帮助人们认识世界。多元稳定的意向性是人与技术人工物共同形成了"复合行动体",技术人工物所具有的意向性成为复合行动者意向性的一部分。

另外,有一部分技术人工物的伦理要素便是设计的目的终点,如红绿灯、减速带、隔离带等公共空间中维持人与人之间日常生活秩序的人工物,认识论与实践论最终统一到价值论上,红绿灯、减速带、隔离带等技术人工物的诞生使命就是维护人与人及社会间的伦理秩序。也存在其他目的导向的技术人工物,如避孕套、避孕药等满足人们私欲的技术人工物。技术设计具有特定的价值趋向,人类按照这种价值趋向去设计他认为对的技术人工物,长此以往,技术人工物和人类之间形成了特定的道德价值关系。

技术人工物的意向性关系如图 2-4 所示。

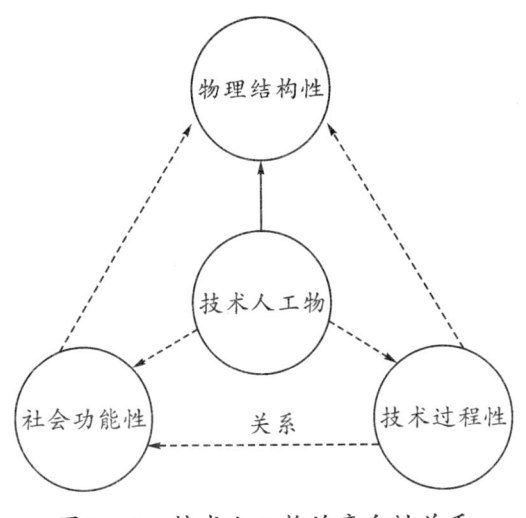

图 2-4　技术人工物的意向性关系

4. 伦理转向后技术人工物"四重性"实践进路

技术人工物被设计出来使用的同时，也塑造着人们日常行为习惯，影响着人类感知和认识世界的方式。维贝克（P. Verbeek）认为，人类设计技术人工物的同时也将道德价值在特定情境下赋予其中，技术人工物本身具有某种道德善恶的意向性，反过来会重塑人类的道德价值和道德行为。海德格尔（Heidegger）根据技术对存在者的展现方式划分了"前技术"和"现代技术"，现代技术对物和存在者的展现是"挑衅"意义上的"促逼"，而不是古代技术的"物性"的"带出"。海德格尔在其晚期提出了"天地神人"的四重性，将技术人工物看成"持存物"，强调技术不是单纯的工具或手段，用"座架"的方式，分析技术中人与存在者的关系。因此，将技术人工物还原至那时、那情、那景、那物的状态，设计出技术人工物的技术功能和物理结构，才可以像设计者预设的使用情景那样，将其"解码"并按照预设的情景中使用。本研究结合技术哲学的两次经验转向和伦理转向背景，根据技术人工物的内部、外部、投入和产出四个维度，提出了技术人工物伦理实践进路的"四重性"（见图 2-5），即技术功能、物理结构、设计

37

情景和使用情景，将伦理要素融入技术人工物本体属性中，以缓和技术发展带来的本体论层面的问题。

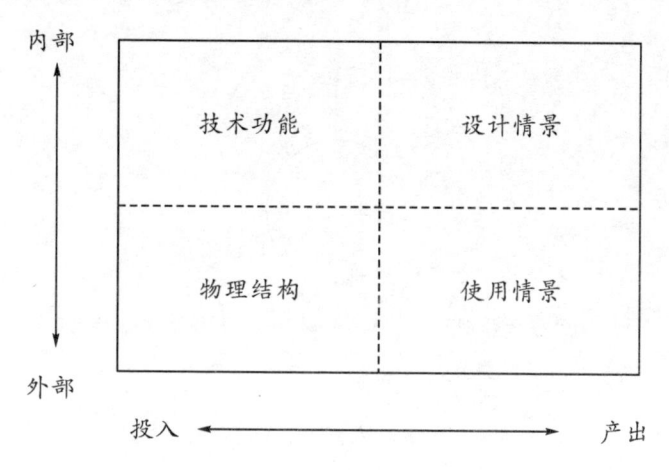

```
         内部
          ↑
    ┌──────────┬──────────┐
    │          │          │
    │  技术功能  │  设计情景  │
    │          │          │
    ├──────────┼──────────┤
    │          │          │
    │  物理结构  │  使用情景  │
    │          │          │
    └──────────┴──────────┘
          ↓
         外部
       投入  ←──────→  产出
```

图 2-5 伦理转向视角中技术人工物的"四重性"

情景是基于生活世界的实践场景，设计者和使用者在设计和使用技术人工物的过程中，均在场景中发生碰撞，是一种事实存在的生活世界场域。设计情景是技术人工物设计过程中的本体属性，属于围绕技术人工物设计过程中存在者的场域，包括技术人工物设计过程中各种自然、文化和历史关系的事物。设计情景构建了技术人工物从无到有的全部场域。设计师模拟这种设计情景，促逼某项技术人工物产生，类似于阿尔伯特·伯格曼（Albert Borgmann）"装置范式论"中"聚焦物"的概念。例如，"对于跑步者来说，聚焦物是河边的小路、林间小道或乡间小屋。像其他的聚焦物一样，这些事情潜在地存在跑步者的意识里，跑步者的心情受到周围情景的影响。"因此，物化在技术人工物内的情景，不仅有技术发明和技术创造者所生活的世界，还有使用者的生活世界。设计者将日常生活世界的经验情景纳入技术人工物的设计情景中，赋予技术人工物以情景化的技术结构和物理功能，满足使用者在该使用情景内的行为活动，从技术本质的本体研究走向经验研究，努力实现"形而上"理论与"形而下"经验的融合与统一，促进设计情景成为技术人工物设计过程中客观存在的本体属性之一。

使用情景是技术人工物设计过程中动态的本体属性。技术人工物在设计完成后投入使用的过程中，使用情景与设计时的预期不完全吻合，会出现这样或那样的不确定性，需要将现实生活世界中的使用情景采集后，反馈到设计情景中。通常需要经过道德想象、调节设计和责任评估三个主要环节，确保技术人工物设计情景和使用情景尽可能统一，才能使技术人工物的技术功能和物理机构适应真实的使用情景。技术功能正是在特定情境下定义某项作用，在社会构建的基础上得到有效的发挥，失去这层语境将失去功能性。技术功能的客体需要依赖情景定义中的主体观念，因此无法独立于情景单独发挥前置定义中的作用，只能依附于主体情景发挥作用。技术功能和物理结构是在克罗斯和梅耶斯提出的"二重性"基础上的延伸，将设计情景和使用情景纳入技术人工物的本体属性中，使其与技术功能和物理结构处于同一层级，彼此之间相伴而生，无法简单地割裂而独立存在。

同样，使用情景和设计情景彼此之间相互塑造。设计情景和使用情景是变化、不可控的，但其中使用情景悬置在日常生活世界中，其伦理秩序与规范具有一定的共识性。康德（Kant）在其著作《实践理性批判》中提出了三条道德律：普遍的行为准则；人是目的；意志自律。第一条和第二条在传统伦理框架中比较容易执行，第三条要求每个行动者都做到自律，在日常生活中比较难实现，因而才会出现法律和物律相关的道德律。将伦理本体属性纳入技术人工物中，使其成为物律的执行者，需要解析人作为行动者的行为和认知，将其纳入技术人工物的设计情景中，或者创造出一种使用情景。

2.2.2 技术人工物的类型

依据不同分类方式，技术人工物可分为不同的类型，常见的分类方式包含三种（见表2-1），即依据技术程度、属性原则和虚实表现形式进行类型划分。

表 2-1 技术人工物的类型

分类依据	技术人工物类型		
技术程度	低/弱技术人工物	中等技术人工物	高/强技术人工物
属性原则	社会性技术人工物	文化性技术人工物	工具性技术人工物
虚实表现形式	虚拟技术人工物	虚实结合类技术人工物	实体技术人工物
……	……		

第一种，依据技术人工物的技术程度，可分为高技术人工物和低技术人工物，或强技术人工物和弱技术人工物。例如，锤子、剪刀、桌子等当代技术含量较低的技术人工物属于低技术人工物或弱技术人工物；机器人保姆、手术机器人、脑机接口技术、虚拟现实技术等技术含量较高的技术人工物属于高技术人工物或强技术人工物。另外，部分学者在高技术人工物和低技术人工物的中间加入中等技术人工物。高、中、低技术人工物分类是一个相对的概念，专门针对技术程度探讨时会涉及该种细分类别，但不影响技术人工物的具体问题的探讨。

第二种，依据技术人工物的属性原则，可分为社会性技术人工物、文化性技术人工物和工具性技术人工物。例如，人民币、债券等社会属性占据主导地位的技术人工物属于社会性技术人工物。王德伟在其著作《人工物引论》中将类似人民币等具有社会属性的人工物划分为社会人工物，与技术人工物形成并列的概念，但本研究认为人民币具有防伪识别技术，从技术人工物的角度探讨，一定程度上可以将人民币纳入社会性技术人工物的范畴内。青铜器、钢琴、砚台等以文化属性为主要功能，存在一定技术含量的技术人工物，属于文化性技术人工物。刀具、汽车、建筑物等以使用功能为主的技术人工物，称为工具性技术人工物。

第三种，依据技术人工物的虚实表现形式，可分为虚拟技术人工物、虚实结合类技术人工物和实体技术人工物。例如，信息网站、交互软件等虚拟技术为主导的技术人工物，属于虚拟技术人工物；茶杯、轮船等以物理结构为主要成分的技术人工物，称为实体技术人工物；VR设备、虚拟购物平台等由虚拟技术和物理结构共同起作用的技术人工物，称为虚实结合类技术人工物。

诚然，还存在更多分类依据和分类方式，不同程度的分类标准存在一定程度的重叠。在具体细分研究时，可按照研究者的需求进行定向的分类，并对技术人工物的研究问题的内涵和外延进行诠释。

2.3 技术人工物设计伦理转向的理论依据

本研究主要采用唐·伊德"人—技术"关系理论、拉图尔"人工物社会"思想和维贝克"道德物化"思想为理论依据，指导技术人工物设计伦理转向的研究。其中，本研究的第三章在拉图尔"人工物社会"思想的基础上，探讨了技术人工物"去中心化"的设计过程，结合"人"与"非人"的行动者展开探讨。第四章和第五章结合了唐·伊德"人—技术"关系理论和维贝克"道德物化"思想，以此为基础，并结合本研究的观点，论证了技术人工物设计伦理转向的技术道德化，归纳总结出技术人工物的"物律"设计方式。最后，第六章综合以上三种理论思想，结合前人的研究工作和本研究的观点，归纳出三种技术治理路径。

2.3.1 唐·伊德"人—技术"关系理论

美国著名技术哲学家唐·伊德（Don Ihde）归纳出了"人—技术"关系理论，推动了技术哲学领域的第二次经验转向，其影响力和意义深远而重大。唐·伊德的技术现象学探究了人类与技术之间的基本关系，着眼于人类经验和知觉的变更过程，确立了技术人工物在人类与世界的关系中所发挥的居间调节功能。唐·伊德认为人与技术有四种关系,分别为具身关系、解释学关系、他者关系和背景关系。

1. 具身关系

具身关系是人类与技术及其产物之间不断发生的依赖关系,人类正是在这种具身关系养成习性和塑造变迁中,一步步创造出人类辉煌的文明。人类与技术人工物之间不断发生具身关系,技术人工物成为人类身体外置器官,延伸至世界的各个角落,并认识这个世界,令人类感知和获取。唐·伊德将人类与技术之间的这种基本关系用意向性公式表述为

(人—技术)→世界

人类依靠与技术人工物间的具身关系不断探索日常生活世界,发现许许多多世界中的客观规律,并以此为基础设计技术人工物,强化这种具身关系,周而复始。唐·伊德经常用技术人工物中的眼镜作为具身关系的范例解读,当人类短期适应眼镜之后,就不会感觉到它的存在,但人类离开它又无法正常观看日常事物,它已经成为人类身体的一部分,演化成身体某些器官的延伸。拥有此种特性的现代技术人工物有很多,如残疾人的轮椅和拐杖、医疗监护服装、助听器等,它们均与人类发生具身关系。

2. 解释学关系

解释学关系是扩展人类语言及解释能力。人类和世界之间有一种不透明性,世界类似于一个文本,需要借助技术人工物来解构这一项文本密码。技术人工物代替人类直接感官,以间接的中介方式,上传下达式地解释这个世界中呈现的状态,人类不断通过技术人工物去转译世界的存在,这种借助技术人工物体现的技术与人发生的关系称为解释学关系。唐·伊德将这一关系用意向性公式表述为

人→(技术—世界)

解释学关系体现在人对非具身关系的人工物的技术解读,可以理解成人类语言的延伸,体现出人与世界之间的不透明性,人通过技术工具的间接感知来认识世界。唐·伊德举 ATM(自动取款机)为例做

说明，人们在 ATM 界面看到的是数字，并没有看到具体的现金，但可以感知到钱的多少，人与 ATM 之间便是通过解释学关系完成了使用。其他如技术人工物设计中的信息设计人工物、视觉设计人工物、导视设计人工物等，都是设计伦理中解释学关系的体现。当然，解释学关系是基于技术工具的真实性、有效性才会获得世界的认知，其中解释学关系的技术工具也就成为设计伦理的冲突焦点，即如何设计出有效的认知世界的技术工具，诠释人与这个生活世界的关系。

3. 他者关系

他者关系是指技术与人类发生关系的同时，以一个"他者"的身份独立存在，并与其他技术发生关系，拥有自成体系的关系系统。技术本身自成体系，与具身关系和解释学关系存在他异性，与人类发生关系的同时，技术同样以他者的身份存在。唐·伊德将这种关系用意向性公式表述为

$$人 \rightarrow 技术（—世界）$$

他者关系是技术自适应的独立表现，这种关系为高技术人工物的道德意向性和道德自由提供了可能性，使其可以与人类与人类之间保持具身关系的同时，又具有独立的调节系统，行使其作为道德主体或道德代理人的可能性，如机器人、汽车、计算机等技术人工物。人类可以积极地与技术发生关联，技术作为焦点的实体，可以接受人类赋予的不同形式的、多维的他者。

4. 背景关系

背景关系是从前景中的技术发展到背景中的技术，并成为一种技术环境的动态关系状态。随着技术社会的复杂化变迁，不同程度的技术人工物更迭换代，在不同的空间和时间上出现不同程度的重叠，低技术人工物逐渐被高技术人工物取代，成为人类生活世界的背景，人类常常忽视其存在，最终，其与人类以背景关系的形式存在。唐·伊德将这一关系用意向性公式表述为

人（—技术—世界）

在背景关系中的技术人工物，特定情况下与人类不再发生具身或他者关系，处于整个技术社会发展的情境中，悬置了功能性和技术性，"撤离"出人类延伸的轨迹，技术现象哲学称这种现象为人类特定场合的"缺席"。但背景关系并不意味着技术人工物与人类失去联结，其是以一种幕后的形式发挥作用，当遇到适应性条件时，存在成为他者关系的可能性。例如，建设智慧城市，智慧城市的主要技术载体是信息通信技术与互联网技术、物联网技术等综合体，由此而形成了新的技术都市形式；中国电信、中国移动的信号发射设备，与众多城市中的人们发生背景关系，仅仅在手机没有信号时人们才会想起它们的存在。

"人—技术"的四种关系对技术人工物设计伦理转向的分析起到了基础作用。技术人工物的设计一定程度上反映了人类对这个世界的认识，通过技术的物化形式，不断地增强认识世界的可能性，同时成为人类认识世界的一部分，勾勒出技术人工物的内在价值关系，诠释了人类应该以何种关系与技术相处、从哪些维度设计技术人工物，不断深化人与技术间的四种关系，以改善人类的美好生活状态。

2.3.2 拉图尔"人工物社会"思想

拉图尔（Latour）最早提出"人工物社会"的概念，影响了荷兰技术哲学奠基人之一的阿特胡斯（Hans Archterhuis），其学生正是"道德物化"的集成者维贝克（P. Verbeek）。拉图尔认为，人工物以一种"暗物质"能量的方式改变着人类社会的发展，实证科学家一度仅重视可证明的科学可见物质，忽略了世界中占绝大多数的"暗物质"的作用。人类视觉所看到的是有限频段的电磁波可见光，呈现的是有限的色彩、形状和空间，而大部分电磁波是人类无法感知的。随着近代空间物理学科的发展，2003年美国国家航空航天局（NASA）发现人眼只能看到4%的物质存在形式，还有23%的暗物质、73%的暗能量。这印证了拉图尔"暗物质"的思想具有一定的价值。随后，拉图尔将"人工物社会"这一概念引入社会伦理学的讨论范畴，探讨物作用外的伦理规范，用作"暗物质"的约束力量，并通过人工物的设计实现这股"暗物质"的约束力。

拉图尔"人工物社会"思想中指出：无论某个人工物多么平常，它均能影响我们对某一事物的认知，并以带有某种人工物的养成习惯去生活在这个世界之中。他强调了人工物情景关系的塑造作用可以改变人类的认知方式和决策行为，物准则的规范一定程度上是人类行为规范的构成部分，是逐渐塑造人类伦理道德的重要观照对象。这为后续技术现象哲学的发展提供了理论基础，逐渐引入了技术具有道德意向性的概念。

虽然拉图尔的"人工物社会"思想属于理念层面的认识论，没有实践层面的具体操作步骤，但这并不影响其思想的重要意义。该思想成功地将物的伦理引入主流哲学的讨论范畴，认为人工物与人具有同等的道德意向性。人类可以通过对物的设计和改造，将人工物设计成道德代理人，委托其行使人类特定的道德价值，用以约束人类的道德行为。可采用类似电影"脚本"的形式进行道德预设，通过一定的技术设计方法完成"脚本"的使用情景，通过人工物的道德功能实现"善"的人工社会。

拉图尔在"人工物社会"思想的基础上，继续发育出了"人"与"非人"的行动者网络社会理论，试图打破笛卡尔（Descartes）的主体和客体的二元论，从理论上重新塑造对世界的认识形态。拉图尔用全新的概念——"人"与"非人"的行动者序列定义了人工物社会，矫正了人类中心主义的过度演化，将技术的作用和潜在的伦理问题推上台面探讨，从"第三视角"考察人工物与人的关系，将技术人工物纳入"非人"的行动者行列，以集合的概念构建这个世界，为后续的"去中心化"的情景提供了理论参考。

2.3.3 维贝克"道德物化"思想

"道德物化"思想最早由荷兰技术哲学家阿特胡斯提出,后其学生维贝克将这一思想集成发展并推广。"道德物化"是指通过特定的技术设计,将人类的道德价值"写入"技术人工物,用该技术人工物承担道德调节作用,与人类共同成为行动者,对使用者进行道德引导和规范。"道德物化"思想是技术人工物设计伦理转向的重要标志,是技术哲学研究发展历程中,继两次经验转向(ET1、ET2)后的第三次转向。

维贝克"道德物化"思想吸收了唐·伊德"人—技术"关系理论和拉图尔"社会人工物"思想,在人与技术的关系中探索技术人工物的伦理价值,尝试将道德层面落实至日常生活世界的每个具体物,萌发出较为长远的技术人工物设计伦理形态。另外,"道德物化"思想吸收了福柯"自我构建论"中伦理实体化的建构思想,倡导"伴随技术"的技术治理路径,聚焦日常生活世界的生产实践,主张以技术权利主导人的道德准则,运用技术人工物规范人的日常道德行为。并且,"道德物化"思想吸纳了兰登·温纳(Langdon Winner)的技术政治思想,在技术社会建构论的基础上,强调社会对技术及其产物的塑造作用,同时技术形式产生的权利回流至社会政治关系,改变着公民行使自身的权利。另外,"道德物化"思想承认技术本身具有政治性,一定程度上决定着技术人工物的政治意向性。

"道德物化"思想的核心是以技术为中介,调节技术、技术人工物和人之间的道德关系。在使用者的用户的反馈中,设计者授权技术设计出技术人工物,然后通过技术人工物的解释学功能和实用性经验,调节人与技术人工物之间的道德关系,满足人们对于技术人工物道德属性和功能属性的需求,如图2-6所示。

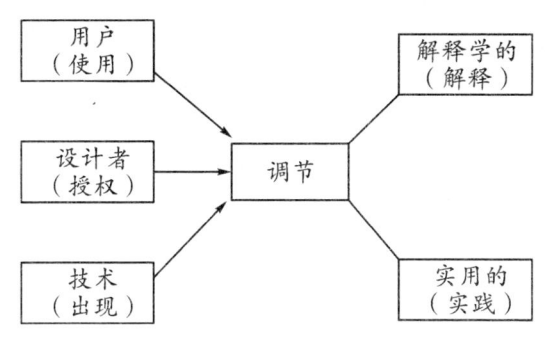

图 2-6　维贝克技术道德化图式——主体与调节源泉

维贝克"道德物化"思想基于他的技术中介论和由此发展起来的道德中介思想。他认为，技术为人类提供便利的同时，改变着人类的行为和决策，也塑造着技术本身，彼此之间成为不可分离的统一体。技术调节显示了技术设计中的内在道德维度，以此为基础发展技术人工物的技术伦理评估对其在日常生活实践中的体验和作用，改善人类的道德行为，引导人类走向"善"的美好世界。所有被调节的人类行为以三种主体形式发生作用：第一，完成行动或者作出道德决策的人类主体，他们与技术具有交互作用，以特定的形式使用技术；第二，设计者主体，无意图或者慎重授权，因此形成技术最终的调节作用；第三，技术主体，有时候以一种无法预见的方式调节人类行动和决策。

"道德物化"思想在技术人工物设计伦理转向的发展中，起到了重要推动作用，为技术人工物"物律"的设计方式提供了理论指导，尤其是"技术调节"作用，在本研究中的后续章节中延伸出技术人工物的强制式调节设计、引诱式调节设计和劝导式调节设计等类型。其中的"技术中介"作用，引申出技术人工物的"道德中介"作用，针对技术人工物的无准则自由程度进行了细分。

2.4　本章小结

本章对技术人工物和设计伦理这两组概念的内涵和外延进行了界

定,对技术人工物的"二重性"和"三重性"等属性进行了讨论,在面向社会的第一次经验转向和面向工程的第二次经验转向的基础上,结合面向伦理的第三次转向视角,提出了技术人工物的"四重性",即物理结构、技术功能、设计情景和使用情景,为后续几个章节的讨论奠定了技术设计基础和技术治理路径通道。另外,依据技术人工物的技术程度、属性原则和虚实表现形式进行类型划分,详细地阐释了不同类型技术人工物的特点。最后,梳理了唐·伊德"人—技术"关系理论、拉图尔"人工物社会"思想和维贝克"道德物化"思想,为技术人工物设计伦理转向的探讨奠定了理论基础。

第3章　技术人工物设计伦理转向之"去中心化"

随着科学技术智能化的发展，日常社会治理中逐渐出现了"物律"式的技术设计路径，与以往"道德律"的弱约束性和"法律"的滞后性存在显著差异。其中，技术人工物设计中"人"与"非人"的理性认识，成为技术社会走向"物律"社会的关键转折点。拉图尔（Latour）用"人"与"非人"的重新定义，将技术人工物纳入"非人"的概念中，建构出"去中心化"的行动者网络体系。本研究依据该定义方式，将技术人工物设计伦理中"去中心化"转向分为三个阶段，即历史唯物论的"人本"孕育、"非人"的新唯物论产生、技术人工物设计中"非人"的扩展，通过技术还原法和归纳推理法对这三个阶段进行系统的考察，以期推动技术人工物下一阶段道德化的演进，如图3-1所示。

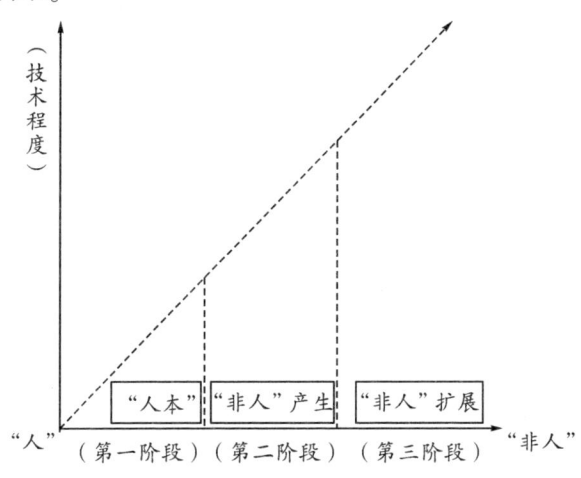

图3-1　技术人工物设计伦理转向"去中心化"三个阶段示意图

具体来讲，技术人工物设计中"人"与"非人"的内涵发展经历了三个阶段：第一阶段源自历史唯物论的客观推动，三次工业革命和两次世界大战，助推了技术人工物客观物质实体的演变，产生了人本位的技术设计思想；第二阶段源自科学技术的演变，挑战了传统人本位的主流思想地位，既有技术哲学体系无法解释技术人工物塑造人类生活世界的事实，人类无法接受"物性"中的人本属性，进而衍生出"非人"的新唯物论；第三阶段基于新唯物论认识思想，演变出"去中心化"的"非人"行动者，为了弥合"人"与"非人"现实认识层面的隔阂，"非人"行动者的序列被不断扩展，衍生出多元的行动者网络体系，进一步放大了技术人工物设计伦理中"去中心化"的转向。

3.1 技术人工物设计中的"人本"孕育

3.1.1 "人—机器"的身体解放

随着19世纪60年代第二次工业革命的爆发，物质消费社会正式登上了历史舞台。一方面，大规模机器的生产力，引发技术人工物产量过剩，导致资本市场供需关系异化；另一方面，人们不再满足于物质性的基本需求，逐渐指向更高品质的生活享受。因此，现代技术设计逐渐被推上了历史舞台，以兼具人文属性的人类思维创意为主导的技术设计行为，成为技术社会强有力的推手。

从18世纪60年代第一次工业革命起，英国采用机器化生产和手工艺审美相结合的方式，带动了当时的物质生活世界，随着英国全球殖民化的统治，这种生活方式席卷全球。随后，经过不断的实践，1919年德国诞生了包豪斯设计教育，影响了全世界，使技术与人相适应而产生的技术人工物得到了快速发展，并创造了现代技术设计的话语体系。进入21世纪，技术设计者依托物联网、虚拟现实、人工智能、量子计算等技术,极大地改变了人类生产能力与生产关系,经典框架下人与技术的关系逐渐发生内部冲突,开始打破既有的约定关系。

另外,两次世界大战以部分人类的毁灭为代价,催生了现代意义上技术设计的发展。西方前现代时期,技术设计经历了三个阶段:第一阶段,以宗教造物为核心的设计萌芽逐渐产生;第二阶段,文艺复兴时期人文主义的设计初醒;第三阶段,18世纪60年代英国工业革命推动了现代技术设计的形成。其中,空前毁灭性的战争导致生活世界中物质匮乏,人类处在灰暗和恐慌中。第二次工业革命掩盖了战争的阴影,人类被电气时代的物质成果所填满,通过工业技术和大规模机械生产,改变着既有的生活状态。同样,我国技术设计经历了很长一段时间的宗法造物时期,在农耕社会的束缚下,技术设计生产活动没有得到大规模解放。直到近现代的晚清民国初期,战争爆发并伴随着西方文化的入侵,现代技术设计相关思想悄然大举进入中国,某种程度上中国是被现代技术设计的力量所推动。随着殖民侵略与文化入侵,中国快速进入现代技术设计的主流战场,技术设计伦理的隐患也被掩盖其中。但技术与人相适应而产生的技术人工物得到了快速的发展,并创造了中国语境中现代技术设计体系的话语,从此,我国开始追求发展技术化的制造业,改变既有的生活现状。

此时,人类身体意识逐渐从工业机器中解放,主体地位逐渐被建构。自启蒙运动以来,人类不断反思自身主体地位的正当性,试图摆脱宗教统治下人性奴役式的意识形态,完成真正意义上的自我认知。然而,在人类身体意识解放的同时,技术化的身体将人类逐渐带向阶级化的人权社会,技术权力重新铸起了不同等级的思想壁垒。直到工业革命爆发,大规模的技术人工物商品化,技术设计代替了身体劳动价值,人类的身体得到了解放。但一味地追求技术人工物的生产效率,却忽视技术人工物与人之间的存在关系,一定程度上催生了技术功利主义的产生。但这丝毫不能磨灭技术化生产起到的积极作用,不能改变其将人类身体从危险的工作环境中解放出来,减轻人类身体的繁重劳作，改善人类的美好生活环境的事实。

究其根本，技术人工物的产生源于人类对技术的反思，技术化的身体代替真实的身体，成为技术人工物的主流生产者。由于技术快速迭代式的发展，人们没有来得及沉淀和思考，现代技术设计观念已经悄然进入人类日常生活。一方面，大量的劳动工作者被迫失业，人们无法接受规模化的机器代替人工生产；另一方面，商业资本的驱动让贫瘠的工人阶层不得不接受廉价的报酬，再去购买其生产的技术产品，成为资本化升级进程中的技术工具人。在这种长期单向度的两难困境的进程中，任何个体无法抵挡历史的车轮，最终技术设计生产活动大规模爆发。直到19世纪下半叶，艺术与手工艺运动（The Arts & Crafts Movement）开始产生，以兼具人文属性的设计改良为宗旨，试图打破既有的工业化设计体系，尝试回归至启蒙运动的发展路径。以威廉·莫里斯（William Morris）和勒·柯布西耶（Le Corbusier）等为代表的推动者，影响了英国和美国的建筑、装饰艺术、工艺品等技术设计领域。其中，工业生产中的劳动条件和工业产品质量成为手工艺运动和工业革命的主要争论点。1851年亨利·科尔（Henry Cole）最初推动英国的艺术与手工艺运动，引发了整个欧洲手工艺和工业生产的变革。包括约翰·拉斯金（John Ruskin）在内的社会评论家不断反思工业革命带来的异化现象，试图用乌托邦式（Utopia）的艺术与手工艺运动弥合其弊端，不过最终以整体失败告终。但不可否认的是，其将人文精神深植人类生活世界的贡献，为后续技术伦理的孕育与发展埋下了种子。

3.1.2 从"视觉"扩展到"知觉"的身体经验

"去中心化"的伦理转向需要依托真实的身体经验，从外在的"视觉"感知回归到"知觉"的身体经验，建构技术化的身体功能，依托技术现象本身创建人与技术共生的生活世界。唐·伊德（Don Ihde）将技术身体与真实身体相结合，提出了人与技术的四种意向性关系,即"具身关系""解释学关系""他者关系"和"背景关系"。在"人—技术"的这四种关系中,真实身体与技术身体之间的概念一定程度上可以互换,人与技术人工物之间发生具身化的体验,扩大人类的知觉、触觉等感知,通过技术人工物认识经验世界。其从理论层面解释了技术化身体在日常生活世界中起到的作用,以及人类该以何种方式与技术人工物发生关系。

一方面,技术人工物放大了人类视觉感知的能力。现今,人类通过哈勃空间望远镜(Hubble Space Telescope)宏观尺度可以观测到130亿光年的光信号,在微观尺度中最小可观测到10~35米的普朗克距离尺度,人类身体视觉得到了技术化的延伸。但视觉感知通过技术人工物得到放大的同时,知觉感知被技术人工物逐渐遮蔽,技术人工物处在一种单向度的路径中,调节着人类认识世界的过程。随着技术的发展,该技术现象逐渐被解蔽。同时,现代生命科学证明了视觉是光刺激视网膜后,传输至脑干的外界感知信息,一定程度上是"看见"的概念,没有达到认识的层面。而知觉是对身体各种感觉信息进行有组织的处理,帮助人类理解事物的存在。当生命处于胎儿时期,最先形成的是知觉,随着胚胎的发育视觉逐渐完善,直到1岁左右才完成视觉的"黑白期"和"色彩期",到6岁左右才逐渐形成视觉的"立体期"和"空间期",形成真正意义上的视觉经验,此时人类对视觉的依赖程度越来越强,知觉的身体体验逐渐被遮蔽。因而,技术人工物弥合了成人视觉器官的不在场,成为技术化身体"视觉"和"知觉"的双重延伸。

另一方面,技术人工物逐渐从身体视觉过渡到身体知觉。美国著名技术现象学家唐·伊德在《技术中的身体》一书中提出了"两个身体"思想:身体一是指现象学所理解的定域化、动机化、知觉化和情感化的"在世存在",它是我们所熟知的身体;身体二是指我们在社会和文化中所经验的"身体",它是一种身体化的意义空间。联结身体一和身体二的是一种技术化的第三维度,即作为一种技术而存在的具身关系。后期唐·伊德将两个身体理论演化成了人与技术的四种意向性关系，即具身关系、解释学关系、他者关系和背景关系，从人与技术的关系认识论的角度解释技术现象学。其中，借鉴了梅洛·庞蒂（Maurice Merleau-Ponty）的知觉现象学中部分"具身性"和海德格尔（Heidegger）的身体技术相关观点，形成了具身关系和解释学关系，强调了身体知觉对技术的塑造。例如，苹果手机出现之前，人们停留在键盘式拨号使用的行为状态，苹果手机问世后，将人类触觉融入键盘的物理结构中。该技术现象不单单是物理结构的简化，更深层次表现在物理结构与人类触觉发生了一种"具身关系"，改变了人类的使用方式和行为习惯。随后，iPhone7的实体Home键换成了带震动的虚拟Home键，可以通过手指感受到触感强度，通过技术化的身体感知获取真实身体的知觉体验。

然而，随着技术化身体知觉体验的反哺，产生了技术化身体知觉"被存在"的隐患。技术人工物的知觉体验是以虚幻知觉感知替代真实身体感知的行为，意味着物理层面的身体长期处于遮蔽状态，导致身体器官逐渐失去生理上的行动感知能力。人类对世界的知觉感知过分依赖技术人工物，借助技术人工物的虚拟感知替代肉体上的真实感知，一定程度上导致身体知觉发生退化。另外，与身体感知相应的文化、艺术等人类文明逐渐被遗忘，人类原始性的记忆能力逐渐被技术人工物消解。试想，如果手机没有网络、没有电，人们走在大街小巷，因手机无法导航，很可能找不到回家的方向。过度依赖技术人工物的日常习性，引发空间感知能力和原始记忆模式逐渐失去作用。因此，技术人工物给人带来便利的同时，一定程度上也消解了人类自身的某些机能。

3.1.3 "人本"技术情景的成熟

技术人工物的强大塑造作用，促进其使用情景和设计情景逐渐成熟。以技术人工物为道德中介，逐渐将技术身体推向人类日常生活世界的视野中,与物质身体、文化身体共同建构多元的情景关系。其中,物质身体是传统意义上肉体层面的身体,是自身所经历的运动、感知、情绪的在世存在物;文化身体是文化建构出来的身体,是来自社会性、文化性内部建构的身体;技术身体是技术因素所塑造的身体,是穿越物质身体和文化身体后,以技术人工物为中介所建立起来的身体。这三种身体形式共同建构了"人本"技术情景,为人类在生活世界中提供福祉。例如,当人类因车祸造成身体损伤后,一方面,通过治疗,物质身恢复健康;另一方面,可使用假肢作为技术身体,弥合残疾人日常出行的不便。其中,假肢将与残疾者发生具身关系,成为身体器官外化的一部分,完成"人本"情景中技术身体的形塑,继续与这个世界发生关系。

设计情景调节人类与技术人工物之间的存在关系。设计情景通过模拟人的身体行为,将技术人工物内化为身体的一部分。身体行为的结构是身体朝向世界的开放性和指向性程度,是身体对世界存在意义的把握,是身体意向性在世界之中构造知觉场,并把世界带入到身体知觉场的过程。因此,技术人工物的设计情景需要从人与技术的关系入手,从人的生理需求、心理需求和审美需求等生活经验出发,充分考虑技术人工物与人之间的"具身关系"。其中,生理需求的设计情景属于基础需求,表现在技术人工物设计的材质、色彩和造型等方面;心理需求的设计情景表现在技术人工物的功效和作用等方面;审美需求的设计情景表现在设计风格和设计理念。审美需求是在设计伦理驱动作用下而产生,由审美性夹带着功用性,与不同受众阶层的软性需求形成多重博弈,不间断地产生"流行"与"非流行",形成间性与轮回的动态迭代,最终实现审美与功用的统一,转化为"非流行"的行列进入寻常百姓家。不同程度的技术人工物均存在审美与消费的设计驱动型阶段,满足不同使用者的生理、心理和审美需求。

使用情景消解了技术人工物的技术性,将人的主体性拉回到日常生活世界中。人类设计出技术人工物的目的在于以技术化的身体器官弥合个体在生活世界中真实身体的"缺席"。技术功能和物理结构是身体外化器官的组成部分，属于技术层面的器官塑造。身体外化器官缺少生活世界的真实生活经验，与真实身体的器官功用存在一定的差异。因此，使用情景有助于消解外化器官的技术性，重新唤醒使用者潜在的自我行为意识，以生活化的隐性设计情景，将外显技术人工物逐渐内化到日常生活场景中，促进技术人工物与人本身发生"具身关系"，并逐渐融入使用情景中。例如，日本化学材料企业东丽和通信运营商 NTT 合作的智能服装"hitoe"，针对使用者的环境进行生活化设计，采用一次性绿色回收材料，兼顾服装的耐洗性和易用性，从外界看来与平常同类服装的外观没有太大差异，潜移默化中成为人类皮肤的延伸。

另外，技术人工物的物理结构和技术功能建构了"人本"式的技术情景。其中，物理结构可以划分为软、硬件设施两部分，软件部分包括人体数据搜集程序和传输反馈系统程序；硬件部分包括人体信息反馈部位、传感器、传输设备等。技术人工物的物理结构正是从"想象的存在"转变成"现实的存在"的过程，设计是实现这一"转变"的重要活动，而且设计本身也处于这种"转变"的过程之中，即设计使其自身的信息存在转变为物理存在，通过设计的转换将技术功能赋予物理结构上。物理结构和技术功能不是孤立的，物理结构实现技术功能抽象化的功用，技术功能引导技术人工物的物理结构实体化，二者从认知到探索最终形成一种依赖关系，进而达到物理结构与技术功能的统一，形成人与技术的"具身关系"。在此过程中，物理结构成为人体外化器官的实体，发挥着技术功能的"在场"作用，完成自我个体的回路。例如，2014 年 10 月华盛顿大学蒂姆·莫里森（Tim Morrison）等研究者，采用单芯片运动传感器进行心脏监测，数据通过 ISM 频段无线电和柔性天线进行加密和无线传输，并通过智能手机界面的诠释，实现人类外化皮肤感知器官的真实"在场"。

3.2 技术人工物中"非人"的产生

3.2.1 "人"与"非人"的认知

"非人"的概念源于拉图尔（Latour）的行动者网络理论（ANT），是为了解决社会学和后结构主义的矛盾，调和人类能动性观念与行动者实践经验之间的隔阂，将人从抽象的文本分析中得来的洞见，转译为强调历史和人类经历的切身性词汇。然而，现代科学狭义地指向以实验、数据为论证依据的实证科学，在此之前，大多数人类文明和认知处于混杂状态，回溯任何著作中所列举的经济、文化、政治、宗教、科技甚至巫术，它们都是联系在一起的，无法单独割裂而进行审视。用现今的实证科学所建立的学科体系，审视技术人工物伦理转向范畴内的发展脉络，具有很大的局限性。因此，我们需要梳理技术人工物设计过程中人与非人的关系，将问题悬置于技术人工物未产生的起点，回到科学弱话语体系时期，重新考察人与非人的状态。

为了解决科学与非科学、人与非人之间真实存在的差异，卡隆（M. Callon）和拉图尔提出了"广义对称性"原则，消解了日常生活世界和技术世界的隔阂，将人类学家或技术人工物设计者摆在中心拟客体的位置，从而追踪人与非人属性的归属。其中，拟客体是一种技术人工物设计之初模糊或混沌的状态，是人与非人的杂合体，属于设计者设计技术人工物前期阶段。但拟客体的概念并不是否认人与物的差别，而是试图从解构性的主体和客体视角，弥合现代性所预先设置的矛盾陷阱，还原至人与物共存，且无法独立演化的客观实在层面，将物表述为拟客体下的"非人"状态。

其中，技术人工物以"内折"和"插件"的概念区别人与非人的存在形式。"内折"是人与非人互动的过程中，不断地将非人的属性具身到人的身上，完成某项技术活动。例如，人类使用工具的"内折"概念可以解释为，当工具在上手的状态时，工具"内折"至人的具身关系中，人与非人的工具形成一种具身关系，当工具不好用时则不具有"内折"属性。这类似于唐·伊德（Don Ihde）的"人—技术"关系中表述的具身关系和他者关系，当工具使用得称心如意时，人与工具或非人之间产生具身关系，当工具不好用时产生他者关系。"插件"一词引自计算机信息技术中的概念，人类通过非人作为"插件"完成生活世界的日常活动。人类对某些不确定的"插件"具有认同感，并通过下载的方式获取，以此获得现场感的存在，从而获得该技术人工物使用层面的主体性。但在此意义上，主体性并不是"你自己的属性"。例如，患近视的人需要戴上眼镜才可以正常出门活动，眼镜某种程度上可以作为眼睛器官的外化插件，已经和近视者发生具身关系，内折到使用者的器官中，近视者离开眼镜这项技术人工物，将无法正常阅读甚至安全过马路。

另外，非人的技术人工物存在人类的道德属性。技术人工物在被人类使用的过程中，不仅改变人类行为方式，也被赋予了人类的道德意蕴，成为技术化的拟客体状态。技术人工物在某种程度上也被认为是拟主体，处于一种中间状态，转译成人与非人的结合体。例如，红绿灯、减速带等技术人工物，某种程度上代理行使社会管理人的角色，通过技术人工物本身的技术功能和物理结构，约束行人与车辆的移动秩序。

但是，用"人"与"非人"的概念替代主体和客体二分式的表达结构，引发了更深层次的问题，即"人"与"非人"某种程度上是否也是二分式？虽然消解了主客体的矛盾，但二元论的认知方式始终存在。换言之，人类认识世界的最终目的是服务于自身，这条铁律始终不变，但问题在于终极目的是否在认识世界的过程中始终挂在嘴边，将终极目的作为认识过程的目的。然而，依据日常经验来看，人类对现实生活世界认识的过程显然不是直接指向终极目的的，而是迂回崎岖、复杂多变的不确定性活动。既然过程的指向是不明确的客观实在状态，那么必然存在非指向最终目的的过程，而且这种状态占据了大多数情况，有且仅有少数过程直接指向人类终极目的。因此，在人类认识世界的过程中，阶段性解决非人的存在目的，将成为人类认识世界的主要矛盾。

综上所述，"人"与"非人"的新唯物论哲学思路，消解了二元框架下的认识论问题，为技术人工物中的"非人"行动者提供了合法性的辩护，但也有其客观存在的弊端。"人"与"非人"的表述某种程度上是二元框架的延伸。倘若完全消解了"人"与"非人"的界限，弱对称性下技术人工物与人之间的能动性关系不对等，必然导致扩充非人行动者来达到某种程度的平衡，重新定义更多的技术人工物，"去中心化"行为的客观存在不断扩张，技术权力会出现泛化的可能性，从而引发更深层次的技术伦理问题。

3.2.2 "去中心化"的行为

"去中心化"一词是随着互联网技术发展而借鉴来的概念，是指主客体之间相互塑造演化过程中，主客关系处于模糊状态，消解了二元的主客平衡关系，出现去中心的状态。在技术人工物的设计过程中，面临技术与人的主客体矛盾，不断出现技术主体化或者人客体化的现象。因而，"中心"的概念逐渐被消解。当我们谈论技术人工物时，人的主体性逐渐被技术消解，走向人机融合的共同主体地位，重新回归到拟客体的阶段。

其中，技术人工物的物理结构、技术功能、设计情景和使用情景四个本体属性，在塑造技术人工物的过程中，不同程度地进行着"去中心化"的行为。物理结构涉及的材料与造型不是直接指向使用者，而是指向技术功能，通过技术功能指向使用者，设计过程所考虑的是物质本身所蕴含的客观功能。设计情景同样不完全指向使用者，设计情景直接指向使用情景，使用情景的中心是一个连续事件活动，使用者在整个事件活动中是参与者不是中心者，技术人工物所具有的技术功能促使使用者完成整个事件活动。

另外，技术人工物设计的去中心化行为，以广义的对称性原则消解科学、技术与社会之间的屏障，从观念上触及"人"与"非人"行动者间的界限，试图用重新定义的方式消解人为建构的主客概念模型。但与此同时，它也弱化了科学、技术与社会之间的矛盾问题，将科学的自然问题混淆在社会问题中，无法从小处着手探究科学、技术与社会的相关问题，导致各个领域没有中心，缺少对立、矛盾与分歧，某种程度上引发了一个更大的问题，即"去中心化"导致对称性原则无限扩张，无法遵循某一矛盾路径下沉到技术人工物本质层面探究问题，是消解了问题的矛盾，还是解决了根本性的问题，一切都将变得无"中心"可寻。

因此，仅能依赖技术内在的解决路径，将技术人工物作为技术中介，调节"人"与"非人"认识层面的隔阂。在技术调节范式中，道德机构以人类代理的身份发挥作用，被视为由人类代理人和技术组成的集合体。技术人工物作为技术的物化显现，与道德机构组成共同技术中介的身份，调节人与世界的存在关系。例如，以妇产科超声技术为例，由超声波、医生、患者、胎儿和技术组成的道德组合，将影响医生和患者作出的决定，技术中介某种程度上影响了人们对于社会伦理的认知。尽管技术中介的道德调节程度仍待评估，但现阶段"去中心化"的技术中介已成为人类生存方式的一部分，人类没有其他选项，只能共赴前行、荣辱与共。

究其根本，当从"人"与"非人"的文本概念转换到实际的技术人工物设计时，作为"非人"的技术人工物无法得到很好的转译。设计者在从事技术人工物的设计时，无法做到真正意义上的"去中心化"，依然按照主体人的身份从事技术人工物的设计活动。然而，作为"非人"的技术人工物存在技术中介代理人的身份，该设计过程同样通过定义的方式，预设特定设计者群体作为非人的代理人。因而，设计者拥有"人"与"非人"的双重代理人身份。这种方式看似人格分裂，但一定程度上克服了主客体的矛盾，通过扩大特定设计者和"非人"行动者的方式，完成了设计者和使用者之间"人"与"非人"的转译，实现了技术人工物的技术调节作用。

3.2.3 "非人本"的存在

"非人本"是伴随着互联网信息技术的发展，逐渐以客观持存物的思想方式存在。传统网络是等级辐射汇结制的网络系统，类似行政体系，以中央到地方逐级传递的方式运作，处于传统"人本"思想体系架构中，将人类的最高道德律和行为意志赋予最高节点的"代理人"，然后，将道德律通过该架构逐级传递下去。但随着互联网信息技术的发展，形成了庞大的全球网络系统，一旦某些利益群体抓住中心化的节点，会产生技术化的资本垄断，将造成严重的技术性危机。为防止该网络系统受制于特殊利益群体，便逐渐演变成"去中心化"的路径，形成了多节点的网络架构。其中，网络框架中节点互不隶属，彼此之间没有上下级关系，创造出一种公平的架构关系。1969年美国科学家利用分组交换技术制作了第一个军用数据指挥网络 ARPA Net，其逐渐转化为民用，最终成为我们日常生活中使用的互联网技术。随后，互联网发展出更为"去中心化"的行为方式和认知方式，打破了"人本"思想体系，转向了"非人本"的存在，潜移默化地浸润在当今社会中，影响着人类的日常行为活动。例如，移动手机凭借移动互联网成了自媒体的终端，每个使用者都是一个信息节点，向其他移动手机持有者传递信息，不再以某个集中点为发射中心，实现了技术人工物"非人"的"去中心化"行为。

伴随着人工智能技术的发展，人类不再是世界的中心，世界万物不再以人为本，走向"非人本"的另外一种游戏规则。移动互联产生后，技术人工物一定程度上将消解"人本"存在的地位。人类对于技术人工物的依赖程度日渐严重，技术人工物成为人类日常生活的一部分，甚至成为身体的一部分，技术人工物的"非人"属性将介入世界的中心。但这对人类而言并不是坏事，人本的消解是技术革命引发的结果，人类依托技术解放了身体的束缚，不必事必躬亲地从事繁重的生产活动，可凭借技术人工物提升生产力。但需要时刻警惕人本内涵丧失的边界。我们承认技术带来的"去中心化"的现今格局，也享受"去中心化"带来的思想解放福利，一定程度上产生了"非人本"与"人本"共存的技术社会，人类可以允许一定程度上技术人工物设计中心的转移，但需要时刻把控"非人本"转移的动向，防止技术人工物脱离人类的视线，走向另外一种形式的绝对中心主义陷阱。

另外，使用者的多元需求助推了技术人工物走向"非人本"的设计过程。在漫长的人类进化过程中，人类不断将技术和文明植入身体之外的技术人工物中，而动物进化的经验是不断写入自身的基因中的。因此，人类在设计和使用技术人工物的同时，也赋予其人类的道德属性。伴随着技术程度的提升，技术人工物的物性程度逐渐减弱，智能性或人的道德属性逐渐增强。高技术人工物甚至可以实现人类的意志活动，如脑机接口、情感机器人和保姆机器人等，可实现人与真实世界的互动。人类不再是世界的中心，也不再是使用工具和制造工具的主体，技术人工物逐渐取代人类制造和使用工具的位置，逐步产生一定程度的意向性或道德意蕴。假设技术发展到一定程度，技术人工物成为使用和制造工具的主体，人类不再从事生产制造活动，人类的本体属性被削弱，那么人类是否还能够被定义为人？当人类从追求技术人工物的工具性，逐渐转向追求技术人工物的意义性时，脱离以人为中心的技术人工物设计活动，转向非人、人与非人组合式的"去中心化"设计活动。

再者，技术人工物逐渐以"非人本"的形式成为日常生活世界道德管理的"代理人"。随着世界人口的增加和社会发展程度的提升，以人类为中心的认知行为出现了多元性，中心的概念将逐渐削减，形成多个中心节点，每个中心节点彼此独立。人本思想不再是技术人工物单一追求的设计宗旨，形成了多个中心区域内部细分式的以人为本思想，孕育出阶段性非人本的技术代理人，帮助诸多中心节点区域践行人类道德活动。当人类不再完全追求技术人工物功能性为设计首位需求时，尝试用技术人工物作为道德"代理人"，以管理人类的道德行为，规范人类日常行为秩序。例如，路障、石墩等技术人工物，通过非人本的物律形式，规范人与人行动的秩序，将道德规范用公共契约关系的形式，写入技术人工物中，成为非人的"代理人"。路障、石墩在人类日常生活世界的作用，就是规范人类日常出行的规则，属于道德规范类的技术人工物，一定程度上成为人类的"代理人"。

3.3 技术人工物设计中"非人"的扩展

3.3.1 "非人"行动者的扩充

在技术人工物的行动者网络中，"人"和"非人"的行动者分别链接自然和社会。一方面，技术人工物的自然化，采用技术客体为主导的模型理论，将技术人工物扩展到包括人类在内的整个行动者生态圈。不过这样一来，该技术人工物就不再拥有人类角色的支配权，人类角色被赋予的自由和意志逐渐被移交至技术人工物的应用场景中。采用技术人工物自然化的扩展，意味着由技术人工物决定什么是必须要做的事情，什么是不能做的事情。或者反其道而行之，技术设计者将意志的模型拓展到包括这个星球在内的一切事物。不过这样一来，技术人工物就不再拥有原生态的、无可辩驳的、非人类的事实问题，导致多种多样的技术人工物主观视角噤声。另一方面，技术人工物的社会化，用人与非人同在的社会化定义方式，联系整个行动者生态圈。技术人工物和人分别以客体和主体的形式存在，但彼此永远不进行关联，以同在的形式共同推动行动者网络。一旦我们停止把非人类作为客体来谈论，这些犹豫、动摇、引发困惑的实体带有不确定边界的问题自然消解。一旦我们允许它们进入这个新实体形式的集体，我们可以赋予它们角色的称号，促成人与非人的角色共同存在，重新定义特定的社会契约关系。

基于技术人工物自然化演进的方式，需要尽可能地让人与非人的行动者序列变得庞大，在某个单一世界里召集数量更多的行动者，扩大参与行动的非人名单，以获得该领域的技术话语权。非人的技术设计者名单同样需要扩大，以克服修改主客体行动者名单带来的弊端。这样我们不再需要保护主体以对抗非人的技术人工物，抑或保护客体以对抗社会建构。因而，技术人工物不再威胁主体，社会建构不再削弱客体。扩展后的行动者网络看似是一个大熔炉，但是它并不把由事实问题构成的客体与已被赋予权利的主体叠加在一起，也从未把已经完成的行动清单所定义的行动者混合在一起。技术人工物自然化演进的方式，是解决主客二元论困境的最便捷方式，仅仅是从定义的层面让非人的技术人工物以非人行动者的身份加入行动者网络名单。

但是，现今人类仍然存在一种强大的因果关系价值观，否定这种定义式的问题解决路径。因果关系价值观把人的主体性视为破坏客观性的某种因素，这种天然因果关系论将干扰我们对客观质量的判断，悬搁原因和结果的存续顺序。人作为主体是被定义的，客体同样是被定义的，为了保护客体不受人类情感干扰，不断强调"因果关系"，强行使人和技术人工物与主体和客体产生因果关系。然而，技术人工物本身不是一种客观事实，某种程度上存在被人类定义的成分。因此，主客体的因果关系定律无法完全解释技术人工物的合理规律，需要打破传统"名单"，重新分配"角色"。

然而，因果律在社会化的建制中很难判断，便制定了法律来约束人与人、社会、国家之间的行为秩序，用具体社会情境中逐条法规约束的形式，作为因果律判断的标准。因此，法律是建立在主客体情境中的社会化契约，以保证生活世界有序发展。但随着人与非人行动者的名单扩充，逐渐出现了前文赘述的弊端。因此，需要重新寻找人与非人相对应的约束关系，尝试从非人的技术设计路径来突破，用"物律"的逻辑打破人类主导的因果律、法律的弊端。

其中,拉图尔通过赋予技术人工物以道德属性,试图跨越人和非人实体之间的界限,用人与非人的行动者网络通道,实现人与非人的互动,用预设的方式规定使用者以特定的方式行动,犹如电影脚本一样,告诉演员们在什么场合和什么时间,该做什么事情和该说什么话。另外,米歇尔·福柯(Michel Foucault)则从行动者自由互动的困境中,以现代思维方式阐释人与非人之间的隔阂,认为人类的存在从根本上被现代社会的制度、程序和技术所塑造和支配,需要调查人类在实践中如何应对这些影响的客观实在,将其补充至技术人工物的行动者中,以矫正行动者序列。

综上所述,并不是我们将技术人工物自身理解为道德行动者,而是技术人工物在它发挥功能的关联中被赋予某种特征,以中介代理人的身份参与到行动者序列中,发挥出人类赋予的这些特征的作用,行使人类公共意志内的道德活动。在技术调解的框架内,技术人工物存在影响或选择退出作为道德代理人的可能性,不能作为始终影响的基本道德条件。我们可以将非人行动者重新塑造,应对日常生活中的困境,作为承担和应用技术调解的技术中介。即使没有办法避免非人行动者对人类的影响,人类仍然可以与它们建立积极的共处关系。因此,扩大非人行动者序列不是终极目的,而是弥合人与技术之间困境的过程,仍需在非人行动者序列内部进行细分,通过道德化的技术设计完善非人的行动者序列。

3.3.2 "时间"与"空间"的鸿沟

技术人工物作为"非人"行动者的一部分,在时间和空间维度上,与其他"非人"行动者不断发生"去中心化"的关系,尽可能地在时间和空间上抢占合理性存在的意义,并不断向外扩展技术人工物的价值属性关系。技术人工物在一定的时间和空间中,与周围人文环境不断发生碰撞,其广延性和持续性逐渐趋于稳定状态。但在时间维度上，技术人工物存在更新换代的客观发展规律，在不同时间点看待它所蕴含的技术价值存在明显的差异。例如，照相机出现初期，被认为是摄人魂魄的机器，曾一度被大众所排斥，但照相机本身所具有的物质属性客观不变，随着人们对光学技术的认知和接受程度不断提升，照相机逐渐走入人们的日常生活世界，成为记录人类存在瞬间的重要技术人工物。

在人工自然或低技术人工物阶段，时间和空间处于平行而不交叉的相对世界中，随着技术人工物的快速发展和技术人工物应用程度的差异变大，时间与空间在日常生活世界中逐渐产生不同层面的鸿沟。一方面，技术人工物的技术程度在日常生活世界中地理空间分布不均匀，发达城市与偏远山区对技术人工物的接受程度和认知程度存在隔阂，这种隔阂不是好与坏的价值评价，是技术人工物自身技术功能和物理结构属性层面的客观差异。另一方面，技术人工物记录瞬间和还原虚拟空间的技术能力仍在提升，加速了特定时间和空间内技术人工物的消失进程。例如，人类设计出节能灯泡的目的在于使得节约用电成为可能性，以改善煤炭发电产生的环境污染问题，但也恰恰是节能灯泡这种看似节能的技术人工物，某种程度上加速了用电量的提升。技术的便捷带来了使用情景的变迁，强化了人们认定节能灯泡的节能事实，人们反而不懂得珍惜，导致用电量增加、环境逐渐恶化。但也不能否认技术进步所起到的积极作用，防止走向另外一种技术无用论的极端，需要客观地看待技术人工物在整个时间和空间演变进程中的贡献。

如果实践是检验真理的标准，时间则是消解"伪问题"的"检测器"，空间则是拓展检验成果的"放大器"。当评价某项技术人工物时，通常存在两个评价维度，即时间维度和空间维度。时间评价方式是一种自上而下的内在衡量尺度，空间评价方式则是一种从左到右的外在衡量尺度。人类奖励工程师设计某项技术人工物的原则为：选取时间维度上较早发明该项技术人工物，且在空间维度上影响力较大的技术成果，在时间维度和空间维度双重坐标系内，锁定对人类有价值和意义的技术人工物给予认可。不过这样一来，大多数科学技术奖励周期较长，以历年诺贝尔物理学奖获得者为例，自1901年首次颁奖以来，从成果产出到获得诺奖认可，平均需要18年。因而，时间和空间放大了技术人工物价值的同时，选择了有意义的技术人工物与人类持续发生关系。

如何在短时间和有限空间内提升技术人工物设计的时间周期和空间影响范围，决定了技术人工物拓展"非人"空间的价值与意义。然而，时间维度和空间维度分布在两个坐标系内，彼此之间存在天然的鸿沟，跨越它的方式需要不断地实践和检验。或者将时间维度统一至空间维度上，理论上可以消解两个维度上的鸿沟，在有限时间和空间内发挥技术人工物的价值，反之亦然。目前，存在三种消解维度鸿沟的方式。第一种是随着时间的推移，技术人工物的价值在空间中逐渐消失。但在技术人工物设计使用初期，无法展望历史空间中的作用，随着时间自然而然消解空间价值的技术人工物，其本身不存在价值问题。第二种是随着时间维度的推移，技术人工物在历史空间内发生了价值突变，此种技术人工物在初期同样无法消解历史空间的鸿沟，具有很强的偶然性和突变性，只有在长时间的检验中才可以判定其价值和意义。第三种是随着时间维度的推移，历史空间中价值鸿沟仍然存在，但其影响力和价值趋势仍在上升，这种技术人工物的扩展具有极高的价值。综上所述，可以用"时间—问题"的二元论述表达，即一切靠时间解决的问题均不是问题；随着时间发生变化的问题，原始问题的焦点已然不在问题列表之内；随着时间遗留下来的问题，才是真正需要解决的问题。

这种单边式统一路径的解决方式，一定程度上消解了鸿沟的障碍，但实践层面上仍存在诸多问题。"人"与"非人"之间的真正鸿沟逐渐拉大，阶段性迷惑的鸿沟自然消亡，变化中的鸿沟已然失去既有的方向，难道这些就是单边式统一路径的不作为方式吗？有没有组合式的消解方式？诚如以上论述，技术人工物作为"非人"的技术行动者，并不是单边式的靠拢，其变化同样丰富多元。随着去中心化的全球演变趋势，解决问题的方式逐渐发生去中心化的路径，单纯寻找一边作为转移的中心，另外一边一味地朝向单边跨越，显然仍是"中心化"的思考方式。

因此，在技术人工物设计中，"时间"和"空间"的鸿沟困境以去中心化的扩展方式逐渐被消解。此时，时间不再是统一的，空间不再是线性流动的。在日常生活世界中，各个国家常常用首都的时间作为标准，如北京时间、伦敦时间、东京时间等，这种时间维度仅仅是政治意义上的时间。横跨多个地理空间经纬线生活的人们，对时间概念的感知则是碎片化的、局部性的。此时，不再用政治性的时间规范人类日常行为，周遭空间的使用场景也不再是线性的。同一北京时间概念下，被多种"非人"的技术人工物参与和改变，不同空间内"人"与"非人"的关系变得多元，形成多个"人"与"非人"组成的中心，彼此独立且互相关联，消解了传统意义上中心式的依赖关系。

3.3.3 多元"他者"的共生

"他者"顾名思义，即异己者，有别于自身者，某种程度上带着一种审视的态度，去观照自身的存在。其在"具身者"的维度上拓展了概念边界，增加了探讨"人"与"非人"的空间。"具身者"内部与"他者"内部各自延展出了多种可能性，多元"具身者"和"他者"的概念逐渐浮现，从而派生出三种关系，即共生关系、对峙关系和零和关系（见图 3-2）。共生关系是一种概念延展后的和谐状态，是指"具身者"和"他者"达到某种平衡状态。对峙关系是在主客二元的基础上形成实践层面的状态，无论如何消解概念上二元论的隔阂，实践层面互为主客关系的境遇始终存在。"人"与"非人""具身者"和"他者"的分类方式一定程度上是变相二元论的延伸，"具身者"和"他者"在实践的认识中互为"他者"，互为"具身者"。零和关系是一方战胜另外一方的表现状态，往往这种关系是短暂的，会逐渐回归至共生关系或对峙关系状态。当产生零和关系时，另外一方处于消失状态或相对削弱的状态，此时，新的博弈关系将会产生，重新回到"具身者"和"他者"的状态，这在某种程度上扩展了行动者的多元性，扩大了"人"与"非人"的行动者序列。

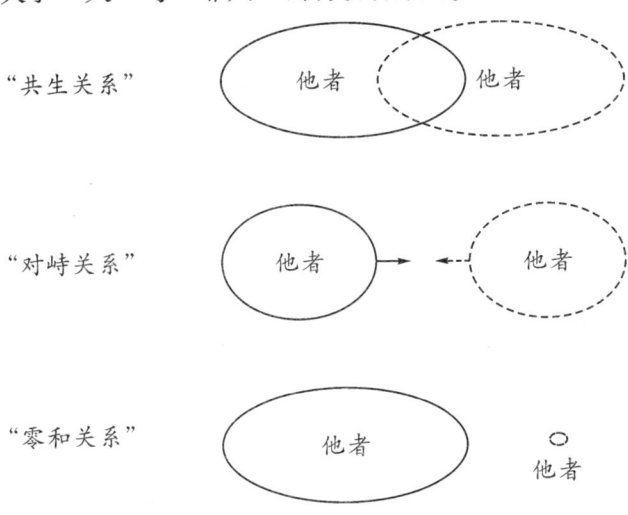

图 3-2 技术人工物"他者"的三种关系示意图

"他者"一词是相对的存在概念，人与技术人工物之间互为他者。美国技术现象学家唐·伊德认为技术人工物和人之间存在四种关系，即"具身关系""解释学关系""他者关系"和"背景关系"。其中，"他者关系"是相对"具身关系"而言的，当技术人工物成为人类身体的一部分时，发生具身关系；当技术人工物与人类没有发生紧密关系时，称为他者关系。技术人工物发生具身关系的状态和数量相对有限，泛化的具身关系比较频繁，可以认定某些技术人工物是人类身体的延伸，但未发生亲密的具身状态，常常以"他者"的身份与人类发生关系。可见，他者关系是技术人工物之间的常态，随着时间的推移，必然指向某种共存的状态。人与技术人工物之间彼此互为"他者"，且以一种泛化的共生或他者的状态持续发生关系，保持某种特定的共

69

生平衡。

拉图尔从认识论的层面打破笛卡尔（Descartes）的身心二元论框架后，用"人"与"非人"的架构理论重新解读世界。多元化思维的分类方式逐渐延展开来，用一种"去中心化"的思维模式重新建构"人"与"非人"的生活世界。技术人工物被定义为"非人"行动者的同时，派生出"他者"的概念，"人"作为人类自身的整体概念，逐渐走向"自己"与"他者"的框架转换。当"人"与技术人工物成为"持存者"的概念时，如刀具作为低技术人工物的一种，与"人"发生关系后，成为持刀人的概念，进入"持存者"的范畴，此时人与刀具会发生多种关系，当刀具"上手"劳作后，人使用刀具可以熟练劳作，彼此逐渐发生"具身关系"；当人使用刀具不顺手时，彼此逐渐发生"他者关系"，人与刀具互为"他者"。试想另外一个场景，戴着眼镜的近视者手持刀具在烈日炎炎的田间劳作时，眼镜被汗水模糊，刀具年久失磨迟钝，此时的"刀具"和"眼镜"之间互为"他者"，人作为两个技术人工物的中间纽带，在此时此景的场域内，"刀具"和"眼镜"之间已不再配合紧密，外部环境断开了"刀具"和"眼镜"之间的亲密关系。此时，"非人"行动者的内部同样存在"他者"关系。因此，技术人工物之间、人与技术人工物之间存在多元"他者"共生的现象。

另外，高技术人工物间同样存在多元"他者"共生的现象。在人与技术的关系中，高技术人工物追求与人发生具身关系和技术道德化行为，然而，更多的是处在"他者"关系中，这种关系不断地独立，并脱离人类的视线，甚至走向"类人"维度的技术发展方向，逐渐模糊了"人"与"非人"的边界，成为法律意义上的"自然人"概念。在政策性和技术性的探索中，需不断施加对高技术人工物的约束，以保障人类的生存价值权益。在"人"与"非人"的去中心化框架中，人与高技术人工物逐渐缓解了过度紧张的主客关系，以"去中心化"的设计行为实践，遏制其走向人类中心主义。但当"非人"走向

"人"的一元关系时，消解了多元"他者"共生状态，换回的将是另外一种技术中心主义。因而，人与技术人工物之间需要保持多元"他者"的共生关系，寻求一种制衡性的约束方式，防止任何一方过度走向集中主义、极端主义或者单边主义。

究其根本，技术人工物作为"他者"共生的中介，以自身的不同组合方式产生多种共生状态，不断扩充非人的行动者序列。正如法国哲学家伊曼纽尔·列维纳斯（Emmanuel Levinas）在《总体与无限》中曾提到的，"他者"作为人类认识事物的中介状态，是自我不断消化他者、吸收他者，不断将他者纳入自我意识，对其进行感知和认识的过程。一方面，防止人类中心主义发生，消解主客实践层面的平衡关系；另一方面，扩大"非人"行动者的清单，不断增加道德化的技术人工物序列，通过物化的道德律的形式，构建"人"与"非人"的多元"他者"世界。用技术人工物内部存在的依赖性共生关系，维系技术人工物"他者"关系的中介状态，利用多部件组合形成功能更强大的高技术人工物。同时，利用不同部件间的组合方式，形成不同的高技术人工物，不断丰富"他者"共生关系，产生多元的非人行动者序列。

3.4 "去中心化"案例诠释：共享单车

共享单车（Bicycle-sharing）是基于互联网技术"去中心化"的典型技术人工物。共享单车是指企业利用互联网和物联网等技术手段，对自行车实施统一管理、按需配置，以自行车共享的方式，为使用者提供多地点间位移的服务。1790年法国人西夫拉克（Sivrac）制作完成第一辆自行车，经过对技术部件的改进与设计，逐渐成为现代自行车的雏形。19世纪60年代左右，自行车由西方传入中国，直到1911年上海邮政局从英国购入作为投递信件的工具，标志着自行车在中国大众化普及。随后出现了永久、飞鸽和凤凰等国产品牌自行车，自行车成为短途的交通代步工具，发挥其技术人工物的技术功能。2007年前后由国外兴起的共享单车模式引入国内，局部实现了自行车资源共享，但这种共享依托原始的车桩和定点归还模式。随后共享单车模式进入成长时期，开启了以互联网为依托，实现"去中心化"自行车共享模式，摆脱每户必备自行车的"中心"占有模式。本研究综合中国报告网和《中国共享出行发展报告（2019）》蓝皮书，将共享单车发展分为四个时期：萌芽时期、成长时期、泛滥时期和洗牌时期，如图3-3所示。

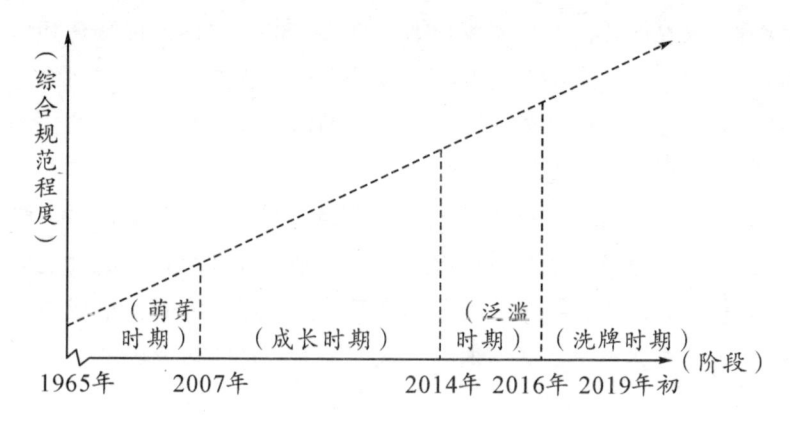

图3-3 共享单车四个发展时期示意图

萌芽时期大概发生在1965年至2007年。以1965年荷兰城市阿姆斯特丹（Amsterdam）推出"白色自行车计划"为标志，正式进入公共自行车租赁模式，这也是共享单车的萌芽时期的开始，但该阶段处于无人监管状态，自行车偷盗事件频繁。1974年法国城市拉罗谢尔（La Rochelle）市政府推出了"小黄车"公共自行车租赁项目，采用定点换取模式。

成长时期大概发生在2007年至2014年。2007年政府为主导的智能化运营管理，引入互联网和物联网技术，加快了共享单车成长的步伐。2007年法国巴黎推出了"Velib"自行车租赁系统，为来巴黎（Paris）旅游者提供免费的交通服务，吸引了约22万人注册会员。英国、美国、德国等国家相继推出了类似共享单车的项目，吸引游客旅游、方便市民出行。2007年中国开始引入共享单车模式，2010年前后永安行公司成立，承接了上海、苏州等地的公共自行车租赁系统，采用"政府+企业"的共享单车管理与运营模式，随后我国共享单车进入了快速成长时期。

泛滥时期大概发生在2014年至2016年。2014年ofo共享单车公司成立，与摩拜两家共享单车企业占据主流市场，从市场融资后投入共享单车的商业设计模式中，创造出更多以共享单车为中心的价值资本。随着大量资金涌入市场，继ofo单车和摩拜之后，陆续产生了多家共享单车企业，多种商业模式融入共享单车移动端，低成本技术、高收益利润吸引了越来越多的企业参与其中。但新型技术领域欠缺监督与管理，出现单车影响交通治安和市容，废旧单车无法回收，资源浪费等问题，引发了社会公德失范现象。

洗牌时期大概发生在2016年至2019年初。"去中心化"的共享思维深入人类的日常生活，培养出了庞大的共享经济群体用户，新秩序与技术规范逐渐完善，市场化淘汰机制保留下优质的共享单车企业，如哈啰单车等。当技术功能达到一定的程度，必然引发社会层面的伦理问题，因而，共享单车发展到市场泛滥的第三时期后，逐步过渡到设计价值重新定位的第四时期，走向"非人本"的设计与监督机制。

3.4.1 "去中心化"的技术设计模式

共享单车的本质是"自行车+互联网"，随着用户群体需求的细分，出现了脚踏式自行车和电瓶式自行车两种共享单车类型。从自行车到共享单车，设计情景和使用情景改变了，但其技术功能和物理结构未曾发生颠覆性的改进。中国引入共享单车模式虽然较晚，但后劲十足，共享单车洗牌时期在中国市场反应尤为激烈。2018年中国共享单车市场规模达到178.2亿元。根据交通运输部公布的数据显示，2019年8月底，全国共享单车共有1950万辆，覆盖全国360个城市，注册用户超过3亿人次，日均订单数达到4700万单。基于城市运作的现实压力，共享单车成为城市上班族首选的代步工具之一。

一方面，共享单车"去中心化"的技术设计模式，打破了以往技术人工物使用率和占有率不均衡的问题，消解了技术人工物的"中心"占有模式。共享单车通过互联网技术将自行车转化为"非人"的行动者，布局到整个行动者网络中，发挥共享单车公共服务的设计价值。自行车的技术功能是供使用者使用，然而，人与自行车的"中心"占有式关系，将自行车的技术功能长期闲置在自家庭院。将互联网技术引入到共享单车的设计中，实现了"去中心化"自行车共享，重新将自行车的既有使用功能解放了出来。因而，自行车的功能性得到了最大化的释放。随着科学技术的进步，人类思想也得到了相应的发展，人与技术之间的关系，无论是在共享单车的使用中，还是日常生活的处事行为中，逐渐呈现"去中心化"的共识。

另一方面，共享单车成为新时代思想的代名词。生活在汽车拥堵的城市中，上下班高峰成为城市居民的噩梦，共享单车恰恰解决了堵车这一难题。一时之间，共享单车变成都市时尚的代名词，代表着环保节能、时尚多元，深受年轻群体的追捧。自行车从中国20世纪70年代成为结婚必备三大件之一，到现今成为新生代绿色生活方式的代名词，见证了中国改革开放四十多年快速发展历程，从家庭经济资产的"中心"代表，跃迁至"去中心化"的生活态度。快速发展的技术塑造着我们生活方式的同时，也改变着我们的行为和认知方式。共享单车将当下人们的自由意志发挥得淋漓尽致，摆脱了自行车购买成本、存放空间选取和维修成本，最主要的是可随时随地就近使用，节约了个体的时间成本。共享单车在互联网技术的加持下，以颠覆性的创新模式，激发了原始代步工具自行车的生机，紧紧地与科技时代结合，发生新的生存关系，具有很强的时代烙印和气息。

3.4.2 共享式的"非人"行动者

"去中心化"的共享单车是移动互联的试验场,符合绿色环保理念,可缓解城市交通堵塞,为日常出行的乘客提供了便捷,同时激活了上中下游的产业链。共享单车产业链生态是由诸多行动者共同塑造的新业态,其产业链由"上游""中游"和"下游"三部分行动者组构成(见图3-4)。"上游"行动者组包括传统自行车零配件制造企业如飞鸽、凤凰牌自行车制造商,智能科技企业如华为、小米、爱立信,通信运营商如中国电信、中国移动和中国联通,以及为自行车提供物流服务的物流企业。"中游"行动者组包括不同品牌共享单车运营商平台,如摩拜单车、ofo共享单车、哈啰单车等,以及自行车维保供应商。"下游"行动者组包括共享单车衍生服务的行动者群体,如增值服务、大数据服务和广告投放等业务形态。

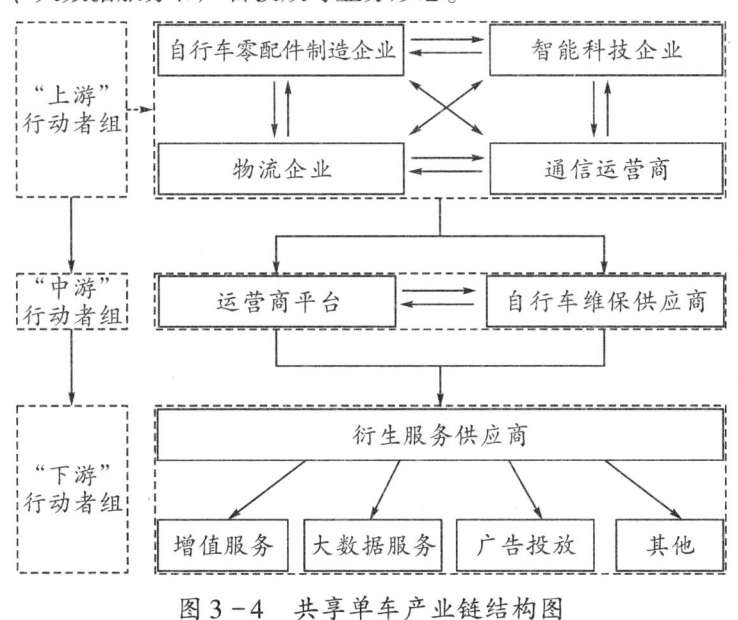

图3-4 共享单车产业链结构图

互联网技术解构了人与自行车间"中心化"的对应关系,实现了"去中心化"的多边共享模式。具体表现在以下几个方面。

第一，共享单车用户与运营商间的信息共享。运营商平台通过后台操作，与共享单车用户之间实现"视觉"和"知觉"的共享。同时，运营商通过手机App中视觉化的模拟地图，帮助共享单车用户感知目的地的空间位置。运营商通过用户的实时移动位置共享技术，实时获取其在视觉化信息地图中的方位。依靠这种方式，共享单车用户与运营商间彼此共享信息，直到用户抵达目的地，完成该项技术活动。

第二，共享单车运营商与衍生服务供应商间的资源共享。共享单车的盈利主要来自用户押金、广告收入和平台开放数据交易等渠道。共享单车供应商为衍生服务供应商提供广告投放、大数据服务和增值服务等资源，相应地获取资金流，回转运营成本，获取额外的利润，彼此在"下游"行动者组中互利互惠。

第三，传统自行车制造企业和智能科技企业的线上线下产业结构共享。传统自行车制造商在汽车制造业的冲击下，逐渐失去了主流市场，走向没落的供需关系中。然而，1960年前后互联网出现，为传统自行车制造业注入了新的活力。智能科技企业依托自身的技术优势，结合线下的自行车业务，成功连接了传统制造业和新型服务行业，开拓了新兴的市场价值。共享单车以GPS智能锁软件系统、大数据网络、人工智能等为核心技术，重新包装自行车的使用场景和设计场景，以互补型的共享优势，强势占领行动者关系网络的核心席位。

3.4.3 复杂的"去中心化"连带责任关系

伴随"去中心化"共享单车的普及，产生了许多社会公德失范问题。不同共享单车企业的所属单车，在城市公交站附近堆积如山，未经有关部门允许，私自占用公共空间，严重阻塞了公共交通系统。另外，共享单车用户乱停乱放、恶意损坏、占为己有等现象屡见不鲜。然而，共享单车的"去中心化"并不意味着责任去中心化，也不意味着消解责任主体。

造成共享单车使用与设计的社会公德失范的原因有两个：一方面，

共享单车用户缺乏公德心和公德意识，对共享单车进行恶意破坏、占为私有等，该行为属于个人道德行为约束范畴；另一方面，共享单车运营商的运营、管理与设计机制存在不合理的部分，运营商在获取利益的同时，未完成应尽的技术治理与监督机制的义务，丧失了职业伦理的规范与约束。另外，共享单车运营商和共享单车维保供应商间沟通不及时，共享单车的维保机制失效。

究其根本，技术的"去中心化"扩大了行动者序列，共享单车行动者组的序列不断增加"非人"行动者，拓展了共享单车行业利益链条的同时，将相应的责任关系复杂化，造成了责任关系分散，不同"非人"行动者间的责任关系变得模糊不清。共享单车运营商模糊"去中心化"的规则，试图逃避应该承担的责任，因而，共享单车社会公德失范的问题承担者也被"去中心化"。但这并不是"去中心化"模式所提倡的核心价值。"去中心化"的思想将一切"非人"的关系划归到了"他者"关系，但这不意味着责任与义务也相应地成为"他者"，反而需要更加细分责任关系，厘清共享单车各行动者对应的责任关系。

在共享单车的泛滥时期，由于运营商对共享单车"去中心化"的误解，造成多重行动者逃避责任。2018年8月ofo共享单车公司经营不善，出现严重的债务危机，上海凤凰自行车制造商将ofo共享单车公司告上法庭，同时ofo共享单车公司亏欠德邦、顺丰等多家物流供应商约1.1亿元人民币。ofo共享单车的用户押金迟迟无法退还，造成多起民事案件，严重侵犯消费者权益。至此，ofo共享单车的上游和下游产业链条分崩瓦解。

共享单车的"去中心化"释放了自行车和人的"空间"关系，将自行车的工作"时间"充分付诸至有限的"时间"中，发挥共享单车的最大使用价值。这就意味着相比"中心化"时期，自行车更容易损坏，需要及时的维护和修理，保障共享单车的良好运行，需要付出更多的责任与实践。在共享单车的洗牌时期，哈啰单车逐渐适应了"去中心化"的多元行动者互动模式，采用"去中心化"开放盈利的同时，把控了更多行动者间的责任与义务边界。哈啰单车逐渐打造了共享单车的生态圈，免去用户的押金，以基础单车为流量入口，推出助力车为中短途乘客服务，细分了不同使用者群体，优化城市空间网点布局。另外，哈啰单车采用线上虚拟模拟的信息地图和线下定点导视系统，通过可视化、数据化和智能化等技术设计模式，将每个环节的功能与约束关系写入"插件"中，实施责任监督与反馈，把控上、中、下游行动者组中各利益个体责任与义务的边界。因而，哈啰单车成功地在共享单车洗牌时期生存下来，成为遍布大中小城市的毛细血管网络共同体，与这座城市和人类共生。随着共享单车模式的成功，这种模式逐渐被推广运用到共享汽车领域，产生了如滴滴打车、优步等共享租车企业。各行各业不断地将以互联网技术为核心的"去中心化"思想，设计至对应的技术人工物中。

3.5 本章小结

本章通过对技术人工物设计的历程考察，将技术人工物还原至基本存在的层面，尝试性地追溯了技术人工物的起源、发展与演变。借助拉图尔"人"与"非人"的重新定义方式，将技术人工物纳入"非人"的概念中，形成统一的行动者网络体系，推进"物律"的社会治理形态。从技术人工物的历史唯物论"人本"孕育的视角，对技术人工物设计伦理转向中"去中心化"的第一阶段进行了阐释。经过"人—机器"的身体解放，由"神性"光辉还原至"人性"的伟大，从客观唯物论的视角揭示了"人本"孕育的原始驱动力。技术人工物设计伦理转向的"去中心化"的第二阶段是"非人"的产生，基于新唯物论的层面，由"人"与"非人"的事物认知、行为和存在三个基本层面，展开了技术人工物设计伦理转向的"去中心化"思想奠基。技术人工物设计伦理转向的"去中心化"的第三阶段是"非人"的扩展，属于"去中心化"进程中的衍生状态。在"非人"行动者序列的拓展中,演变出"时间"与"空间"的鸿沟,产生了多元"他者"的共生状态。

最后,通过共享单车的具体案例,诠释了技术人工物设计伦理转向后,实现"去中心化"的三个阶段,为人类的日常生活和经济发展带来了便利和提升。通过对"去中心化"三个阶段的深入考察,以期为技术人工物中"人"与"非人"的认识论提供辩护,助推"物律"下的技术社会治理路径。

第4章 技术人工物设计伦理转向之"技德"

随着19世纪60年代第二次工业革命的爆发,物资生产扩大了,技术社会和物资社会登上了历史舞台。人们还没有来得及沉淀和思考,技术人工物已经悄然进入人类的日常生活世界,并快速引发了一系列技术伦理问题。传统技术伦理学的研究是由外至内的技术伦理规范,属于事后批判式的反思,容易造成与技术伦理问题约束脱节,成为游离于技术设计之外的说教,无法将道德约束内嵌于技术限制之内。

因此,本章试图从技术内在的关系路径入手,提出了技术人工物道德化的设计伦理转向。其中,技术人工物设计伦理之"技德"转向中的"技德",是"技术道德化"的简称,来自"道德物化"(materialization of morality)思想的延展。该思想于1995年由技术哲学荷兰学派代表人物阿特胡斯(H. Achterhuis)首次提出,该观点由其学生维贝克(P. Verbeek)推动并大力发展,其主张通过恰当的技术设计,将道德"写入"技术人工物中,在技术人工物的物理结构和技术功能中得到呈现,并用其约束人的道德行为、规范人的道德价值,引导人类走向"善"的生活世界。

4.1 技术人工物的道德意向性

技术人工物是技术物化的一种外化表现,技术哲学家研究技术伦理问题时,无法脱离技术人工物去直接研究技术伦理本身。技术人工物的伦理问题研究目前存在以下三个经典议题:技术人工物是否道德中立?如果不是,怎么论证技术人工物具有道德行为或道德意蕴?技术人工物起到了哪些道德约束作用？

如果想要论证技术人工物具有道德行为，需要证明技术人工物具有意向性或者具有某种道德行动能力。其中，维贝克认为，人类经验的意向结构性，造成人总是不能与他们所生活的现实孤立开来，人总是会朝向现实，他们不是简单在"想"，而是总会"想"某物，不是简单在"感觉"，而是总会"感觉"某物。因而，技术人工物的"意向性"是解答其是否具有道德活动的关键。本研究结合维贝克的研究成果，融合了本研究的伦理转向视角，将技术人工物的意向性经历分为三个层级，即伦理学层面"能力"层级的意向性，现象学层面"指向性"层级的意向性，和"多元稳定"的意向性，后者也称为混合意向性或复合意向性，如图4-1所示。

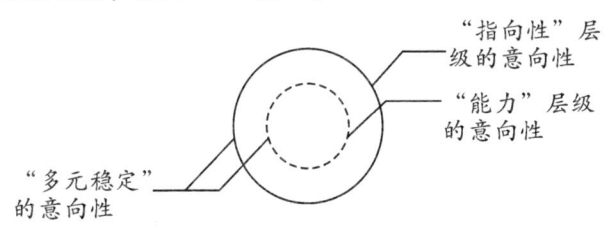

图4-1 技术人工物的三种道德意向性层级关系

4.1.1 "能力"层级的意向性

"能力"层级的意向性主要是指表达形成意向的能力。意向性的概念最初来自经院哲学，指一种存在的状态到具有意向的状态。后来布伦塔诺（Brentano）在其著作《经验主义视角下的心理学》中将其定义为心理现象的特征之一，包含两种含义：一种含义为意向活动的内在性，即意识的内容可以包含现实世界中不存在的事物；另一种含义是指意向活动与某种对象具有相关性。例如，我们进入火车站安检的时候，被告知禁止携带匕首等管制刀具，同时也明确提出，菜刀、水果刀等未列入管制范围的器具同样禁止携带进站乘车。其背后的原因在于，菜刀本身具有破坏公共安全的"能力"，虽然菜刀本身不具

81

有主动行动能力,但是具有伤害他人能力的意向性。从这个意义上讲,技术人工物在伦理层面上不是绝对中立的,其拥有潜在的"道德意蕴",不管其处于主动或被动的状态,都具有行使道德意向性的能力,助推人与技术人工物形成第三种身份,即"持刀人"的角色,此时,刀本身所蕴含的破坏能力得到了"释放"和"放大"。正如海德格尔(Heidegger)在其著作《存在与时间》中指出的,技术常常处于一种"遮蔽"的状态,而刀的道德意向性恰恰是处在一种"遮蔽"状态,其成为"持刀人"的状态,是一种"去蔽"的过程,此时其破坏能力的意向性得到释放。

"能力"层级的意向性注重"显性能"和"隐性能"的单边或双重效度。"显性能",顾名思义指感官上和视觉上能够观察到的能量,指日常化的行为中如行走、温度、声响等看得见摸得着的能动现象。"隐性能"是指隐藏在技术人工物内未表现的势能,这种能动性在特定情景下处于"遮蔽"状态,但其能动性未曾消失。例如,锋利的刀具静止状态表现为"隐性能"的意向性,当与人结合使用时表现为"显性能"的意向性,这也是如上情境中禁止携带刀具进火车站的哲学底层阐释。在经典哲学的框架内,评判某项事物是否具有能动性的标准,便是看其是否具有"显性能","隐性能"不作为其理论框架内的参考要素。然而,"隐性能"和"显性能"均作为技术现象哲学的参照系,技术人工物的意向性有时表现为"显性能"或"隐性能",有时表现为混合式的双重性能,两种性能均处于"在场"状态。在技术人工物的设计中,常常运用"显性能"和"隐性能"捕捉人类的情感和道德价值,将其"写入"至高技术人工物中,以满足技术道德化的设计需求,如陪伴机器人、机器人保姆、人工智能音响等。

"能力"层级的意向性兼容了两种语境的研究框架,即"语义上行"的经典技术哲学框架和"语义下行"的技术现象学框架或后现象学框架,融会贯穿整个技术人工物伦理设计的脉络。一方面,基于经典的哲学思辨,利用抽象的概括和高度的反思,观照技术人工物的

"物性"与"德性",联结"人"与"非人"的内在思辨关系。另一方面,基于技术发展的脉络,利用理论框架囊括既有的技术现象,解释技术发展的广度和与人类的道德关系,尝试性地用更为开放和包容的语境,寻求既有学科的跨界与融合,并为时刻变化的技术哲学、技术伦理问题,和日常生活世界中发展客观存在的技术问题,提供更多对话的可能性。显然,不同技术学派针对基础概念的讨论仍然存在分歧,但这并不妨碍技术本身的发展,更多的是来自理论层面的反思,寻求理论与实践的观照。

另外,"能力"层级的意向性隐匿地指向技术与人的内在逻辑关系。技术人工物与人处在彼此互为意向性的困境中,人类设计出形形色色的技术人工物,以满足人类的生活需求和精神需求,在技术人工物丰富的同时,也改变着人类的生存情景与生存"场域",影响着人类的日常行为习惯,甚至技术人工物塑造着人类的日常行为和思考方式。人类美其名曰赋予技术人工物以道德性,殊不知一定意义上技术人工物缔造着人类的道德价值。技术人工物逐渐走向公共人性的"善",而人类逐渐走向物化的"善",形成彼此交互式的道德化和物化,促使人类激增了更多的"隐性能",技术人工物养成了更多的"显性能"。尤其是在高技术人工物的设计中,"能力"层面的意向性不断地升级转化,转向更高纬度的未知意向性,甚至脱离人类视线的掌控。

4.1.2 "指向性"层级的意向性

"指向性"层级的意向性是指人类对准现实的指向,即理解人与其世界关系的核心概念,将人与世界之间密不可分的关联给予呈现。胡塞尔(Husserl)接受了布伦塔诺(Brentano)对意向性的第二条含义,使之成为意识现象学研究的重要命题,并扩展出了四个活动意向性要素:意向活动的主体、活动的内容、意向活动的对象、用何手段来履行意向活动。这些要素遮蔽在技术人工物中,处于半静止状态,当人的意识作用于此技术人工物时，某些"指向性"的意向得以显现。胡塞尔在其著作《纯粹现象学通论》中指出，人的意识总是指向某个对象并以其为目标，意识活动的这种指向性和目的性即"意向性"。他认为意向性是意识的本质，当意识的意向性投射于外部事物成为意识的对象时，外部世界才会有意义和秩序。他试图通过意向性弥合主客分裂的关系认识论，开启了现象学层面的意向性的发展基础，为后续"道德物化"思想的知觉解释学和技术调节提供了理论基础。

另外，唐·伊德（Don Ihde）用"指向性"层级的意向性来表示人与技术关系。通过技术人工物的意向性指向世界或是技术人工物，或是在技术人工物的背景下指向世界，唐·伊德将人与技术之间的互动和联系内在性，归纳为四种动态的意向性关系，即具身关系：（人—技术）→世界；解释学关系：人→（技术—世界）；他者关系：人→技术（—世界）和背景关系：人（—技术—世界）。其中，符号"→"表示意向性，通过技术人工物起作用，既能够指向技术人工物，也能够作为它们的背景出现。例如，盲人和拐杖形成一种具身关系，拐杖指引盲人正常行走；ATM通过交互的界面文本信息，解释银行卡里的金钱数额，指引你对自己银行卡存款金额的认知；温度计作为非具身的技术人工物的他者，给予现实温度的表征；空调或手机的自动开关声，创造出知觉体验，告知你此产品开始工作了，成为技术体验的一种背景。因此，"指向性"层级的意向性中，技术参与技术人工物的物理结构和技术功能，同时技术人工物塑造着人的生活经验和世界观。

然而，"指向性"层级的意向性是一个相对的概念。当技术人工物的道德意蕴或能力处在模糊状态时，无法判断该技术人工物的道德意向性。正如海德格尔（Heidegger）所描述的那样，技术此时处于"遮蔽"状态，技术人工物的意向性指向不明确，一定程度上成为技术背景，转化为隐匿的能力层面的意向性。当该技术人工物在特定的情景中再次"上手"时，"指向性"层级的意向性得以显现。例如，光控的路灯，在白天处于不做工状态，成为白日中的风景，夜幕降临后开始发挥其照明功能，照亮夜间行走的路人。另外，技术人工物"指向性"层级的意向性相对"能力"层级的意向性而言，前者代表客观存在的意向能力，后者则表示技术人工物的意向方向，在技术人工物的设计和治理中，常常运用在不同层面的意向性展开"造物"活动。

4.1.3 "多元稳定"的意向性

"多元稳定"的意向性来自技术人工物间的动态平衡关系。技术人工物的"多元稳定"的意向性是多个意向性影响要素间综合外化的结果。我们判断技术人工物是否具有意向性，往往根据传统技术哲学的"能动性"标准认定，忽视了技术人工物各个意向性要素间的消解、遮蔽和异化等动态因素。其中，技术人工物意向性存在"能"和"动"两种表现意向，分别对应"能力"层级的意向性和"指向性"层级的意向性，"能"的意向性更倾向一种技术人工物本身的"势能"，内含了技术人工物所处的遮蔽状态，在特定条件下技术人工物的意向性的势能得到外化，成为可见的"动"的意向性。当"能力"层级的意向性和"指向性"层级的意向性共存或处于某种平衡的状态时，此时表现的状态为"多元稳定"的意向性。

一方面，"多元稳定"的意向性是技术人工物复合状态下的伦理属性。人类的不同知觉存在特定的格式塔，彼此之间处于某种稳定的状态，在特定的条件下可以相互进行还原或简化，从而产生形形色色的多元化知觉格式塔，改变着技术人工物的固有形态和状态。另外，"指向性"层级的意向性中，技术调节作用共塑了人们对现实的经验和直觉，"能力"层级的意向性也充斥在技术人工物与人的彼此之中，二者共同塑造着彼此的存在方式。人与技术人工物共同形成了"复合行动体"，技术人工物所具有的意向性成为复合行动者意向性的一部分，形成一种"多元稳定"的意向性，在技术人工物的使用情境中，起到"指向性"和"能力"的双重稳定意向性，而这两者处于一种相对稳定的状态,彼此相互塑造。

另一方面,"多元稳定"的意向性是实现技术道德化的转译路径。技术人工物中往往不只存在一种意向性,依据不同的使用情景产生多种状态,显现出静止、工具性和道德意蕴等现象。技术人工物所蕴含的多种意向性内嵌在技术功能和物理结构中,配合使用情景展现出不同的意向性。当技术人工物的意向性处于不稳定的状态时,会出现技术人工物的损坏或破坏,对使用者或周围环境造成一定的影响,以技术人工物的破坏性或危险性形式,表现在日常生活世界中。因此,某项技术人工物的寿命或危险系数,常常是指该技术人工物的"多元稳定"意向性视域内的共生状态。

工具性的延伸常常是道德意向性的居所,高技术人工物的道德意向性往往决定其边界范围。人类在使用高技术人工物的同时,更关注工具性之外的道德意向性,如是否能够伤害人类自身,或能否有效弥补危险过失。但高技术人工物随着道德意向性的边界不断具体化,逐渐沦为低技术人工物的行列,此时,人类不断追求该技术人工物的道德意向性边界。随着技术更新迭代,高技术人工物跌落至低技术人工物边界内,不断转化为稳定的意向性,将其道德边界控制在人类技术进化的历程范围内。例如,暗箱相机诞生初期,人类对相机发出的耀眼灯光产生恐惧心理,认为其具有摄人魂魄的功能。随着科学技术的发展,出现了数码相机,多种不稳定的意向性逐渐转化为多元稳定的意向性,人类认识到相机的道德边界,不再畏惧暗箱相机。但随着数字化成像技术和人工智能技术的发展,人脸图像识别技术成为不稳定的意向性焦点,使用者担心个人隐私泄露、密码失窃等问题,新的不稳定意向性产生,走向下一阶段的意向性状态。

另外,使用情景的状态一定程度上改变着技术人工物的意向性。在技术中心论的视角中,工具性是技术人工物的基本属性,道德性则是技术人工物的附加属性。低技术人工物往往仅具有工具性,不存在道德意向性。技术人工物的技术程度越低、组成部件越少、使用情景越单一，该技术人工物的道德属性就越少，其道德意向性就越稳定；反之，技术人工物的技术程度越高、组成部件越多、使用情景越多元，该技术人工物的道德属性就越复杂，其道德意向性就越多元。因此，为了保障高技术人工物有效做功，尽可能地减少使用场景，设计出特定的情景路线，维持高技术人工物中工具性和道德性的稳定状态。

4.2 技术人工物的道德自由

关于技术人工物道德自由的问题一直存在争议，随着纳米科学、生物技术、信息技术、认知科学为核心的会聚技术发展，经典技术哲学和现代技术哲学的物质框架和虚拟框架的束缚逐渐被打破，技术人工物的道德自由产生了许多可以探讨和沟通的空间。本研究从技术人工物的道德主体的自由、技术权力的自由、物准则的自由三个维度（见图4-2），解析技术人工物在科学技术与社会的语境下何谓道德自由，以期为技术人工物的道德自由问题提供一些新的解决思路。

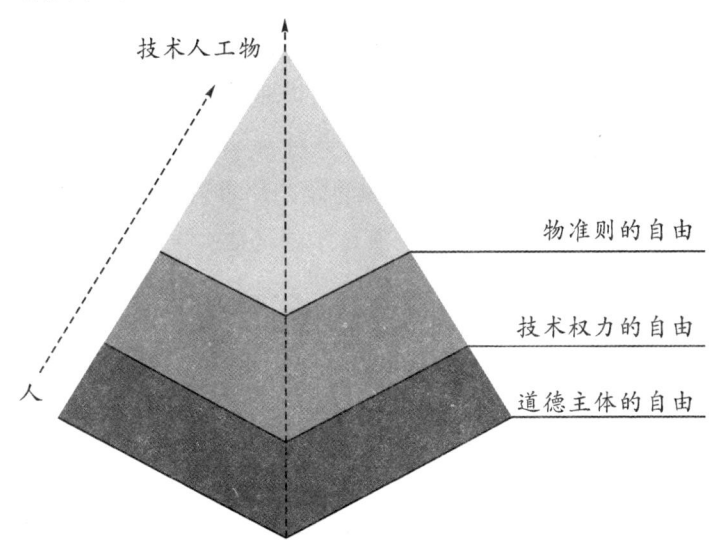

图4-2 技术人工物道德自由的"金字塔"关系示意图

古今中外的先哲们对类似技术人工物概念的道德自由主题，进行了不同程度的思考。何谓道德自由？中国儒家创始人孔子提出了"从心所欲不逾矩"的道德自由，将道德自由规范成人的内在德性。朱熹称"德者，得也，行道而有得于心者也"，讲究知行合一的自由。在西方，道德自由分为两种观念，即行动自由和意志自由。托马斯·霍布斯（Thomas Hobbes）主张行动自由代替道德自由，用因果关系作为行动自由的必然内核，在因果关系内进行必然的自由行为，并且默认对其行为负责。而康德（Kant）则主张用意志自由代替道德自由，解释道德责任的内外双重规定性，强调道德自由与道德自律相伴而生，只有道德自律内化，才可以实现真正的道德自由。黑格尔（Hegel）认为意志能力等价于自由，意志自由并不等同于自由，强调意志自由在法的框架内的进行。不难发现，行动自由中的必然性和意志自由中的依法行事，均揭示了道德自由本身是有限制条件的自由。

但笛卡尔（Descartes）认为，人类把机械的身体和非实物的心灵结合为完美协调的整体，类似机器的技术人工物永远不可能有道德意志，是人类赋予其道德意义。托马斯·霍布斯也认为，道德意志不过是有机体特定部分的运动，技术人工物仍然无法具备道德自由。直到今天，仍有许多哲学家认为人脑中有某种特殊的东西，它给予人脑以道德意志和自由的能力，类似编程的硅芯片永远不可能有这种能力。随着脑机接口、生物芯片等一项项具体会聚技术的发展，技术人工物的道德自由问题再度进入哲学范畴的考察，人们重新思考技术人工物能否依靠物质结构"引向"自由意志的世界，重新审视笛卡尔认为的实物机器永远不可能有智能的特征，解释人类自由意志的概念被神秘地视为人类自由行动感觉之下的"某种东西"。本节主要聚焦在以下几个问题：技术人工物有道德主体自由吗？技术权力下技术人工物的道德自由指的是什么？物准则的生活世界中，技术人工物的道德自由程度如何？以此来回应技术人工物道德自由的内涵。

4.2.1 道德主体的自由

1. 技术人工物有道德主体吗？

在讨论这个问题之前，本研究尝试着将传统道德主体中人的维度降低到生物的维度审视。在地震等自然灾害中，救援犬是道德行为的代理人，被人类训练成救援失踪人口的行动者，被救人类从情感上对救援犬会表达感激，照此来看救援犬具有道德行为。但从狗的角度来看，这仅仅是一种日常训练的游戏，狗不认为救人是一种道德行为。也许部分学者会认为，人类训练救援犬本身进行的便是道德行为，人类才是道德行为的主体。问题在于，救援犬在道德活动中成为代理人，是整个道德活动的执行者，起到了道德代理主体的作用，人类在其中扮演的不是具体道德行为的执行者，而是道德活动解决的策划者。但不可否认，道德活动由人和代理人共同完成，整个道德活动中缺一不可。换言之，假如救援犬没有完成道德行为，训练救援犬的人也不会受到社会道德谴责，救援人员也不应该承受这份责任谴责。施恶者是自然灾害，本身就没有责任主体，倘若救援犬救出受害人，便是完成道德活动，社会表扬救援人员和救援犬。即使道德行为没有责任，只有义务和能力，仍然可以有道德代理关系。因此，至少我们可以认为，道德主体不是人类的专有属性，道德主体是实现道德活动的主要完成者，包括人类和道德代理人。

道德主体是否具有生物属性？常规范畴内人类是道德主体，技术人工物具有机械性和生物性。伦理学对道德价值中心的概念不断从狭义变为广义，从人类扩大到生物圈。布莱恩·阿瑟（Brian Arthur）在其著作《技术的本质》中提到，技术具备能使我们联想到生物的某些属性，在特定环境下会产生某种感应，并进行组装、修复和防御，技术程度越高，拥有这项机能的可能性越强。另外，诺伯特·维纳（Norbert Wiener）提出的控制论观点中指出："生物体的结构是一个可从中预期到自身性能的有机体。从理论上讲，如果我们能够制造一台机器，它的机械结构能够复制人类生理结构，那么，我们就可以制造出复制人类智力能力的机器。"2002年米格尔·尼科莱利斯（Miguel Nicolelis）实现了"意念控制"的动物实验，他将一只名叫贝拉的猴子脑中的意念活动，通过脑机接口导入到机械臂，控制机械臂的运动路径。随着基因组研究和纳米技术的发展，生物正在变成技术。与此同时，从技术进化的角度看，技术也正在变为生物。两者已经开始接近并纠缠在一起。

当技术人工物的道德主体还原至生物层面时，是否仍未彻底？伴随技术哲学的伦理转向和道德主体概念的语义下行，无生命体的技术人工物被认为同样具有道德意蕴。技术人工物从起源上与自然物体，似乎已经变成了规律相近的事物。例如，人们常常忽视人类赖以居住的建筑物，其密度会影响人们患抑郁症的可能性及程度。另外，拉图尔（Latour）通过赋予物质的技术人工物以道德属性，试图跨越人与非人实体之间的界限。例如，减速带、安全带等技术人工物，设计者赋予这些技术人工物以道德代理人的身份，通过物质框架的层面调节人类的道德活动，帮助使用者遵守行为规范。

综上所述，学者们对道德主体的定义逐渐从人类扩展到生命体甚至无生命体，从德国古典哲学家康德认为人是理性道德主体，动物伦理学家彼得·辛格（Peter Singer）认为动物同样具有道德地位，到环境伦理学之父霍尔姆斯·罗尔斯顿（Holmes Rolston）认为应从内在价值判断道德主体等。经历了很多讨论后，可见道德行为体所承受道德责任的程度不同，对应的道德主体的属性不同，出现了如人、物、环境等不同道德主体的看法。

诚如维贝克（P. Verbeek）的观点，一旦我们发现道德并不是人类的特有事物时，物质"介入"主体的道德判断就不能被视为对"自由意志"的污染，而是道德的中介。被调节的行动者不是无道德的，而是道德在我们的技术文化中发现自己的重要场合。阿尔伯特·伯格曼（Albert Borgmann）在其著作《真实的美国伦理》中讲到，当物品或实践从参与的时间、地点中分离出来的时候，它就获得了道德的商品化，它变成了一个不受约束的客体。技术人工物和人类一样，是一个通过自身部件与外部世界的相互作用而具有解释能力的物质实体。技术人工物的工作部件是金属、塑料、硅和其他材料的"集合"，而人类的工作部件是精巧的小原子和分子。从这个层面上来讲，技术人工物某种程度上可以被视为拥有道德主体的能力，存在以道德主体的身份参与到人类道德活动中的可能性。

2. 技术人工物道德主体自由何为？

随着人工智能技术的发展，技术现象学者开始从人的本体属性入手。既然能够承担责任的道德行为者可以成为道德主体，那么倘若技术人工物可以成为道德行为的承担者，是否可以将其认定为道德主体呢？拉图尔用类似"语意上行"的方法，将世界分为"人"与"非人"的行动者序列，以消解主客二元的强对称框架，用弱对称原则重新探讨道德主体，将技术人工物归类于非人属性中，甚至认定人工智能物具有类人属性，"人"与"非人"的界限随着人工智能技术的程度而发生变化。另外，技术哲学荷兰学派阿特胡斯（Hans Archterhuis）和维贝克等人提出了"道德物化"的观点，认为技术人工物具备道德主体的属性，尝试探索技术人工物的"伦理转向"和"设计转向"。

传统意义上的道德主体自由，是指道德主体在道德实践中根据自身意志或愿望作出道德选择的自由，其中暗含了人是道德自由选择的主体。但随着人工智能类技术人工物的发展，出现了如计算机或智能机器人等高技术人工物，它们在从事道德实践时，也会按照既定的程序预设或自主学习进行道德自主选择。由此可见，传统道德自由定义的解释方式存在一定的局限性。因此，道德主体不完全指代人，还存在道德代理人的可能性。

与此同时，伴随计算机技术、基因技术、纳米技术、神经技术的会聚技术的发展，人类对道德主体的认识开始发生转变。人们开始认为，道德主体不一定是道德实体，具有道德意向性和道德行为的技术人工物均可视为道德主体，智能机器人和智能软件等都具备该条件，同样可以称为道德主体。亚伦·斯洛曼（Aaron Sloman）将机器纳入道德主体的范畴，彼得·丹尼尔森（Peter Danielson）和霍尔（Josh Storrs Hall）认为智能机器具备道德主体地位，福斯特（Heinz von Foerster）引入了"道德智能主体"概念，菲利普·布瑞（Philip Brey）提出了"准道德主体"的概念，弗洛里迪（Luciano Floridi）和桑德斯（Sanders）直接将智能机器认定为道德主体等。诸多学者尝试突破或拓展既有概念的固化现象，尝试性地给予新技术客观发展状态以合理对话的空间，用框架内类似道德主体自由的概念范畴，探索其道德自由的边界。

因此，本研究认为，技术人工物的道德主体自由，一定程度上成就了人类的道德主体性，承担了人类在日常生活中的低技术人工物的道德活动主体，成为人类道德活动的代理人。但随着技术人工物的更新迭代，道德代理人的主体性逐渐增强，技术程度越高，代理人的道德自主性越强。例如，人类发明的微波炉，从厨房中解放了女性，但同时也消解了一家人围绕厨房准备晚餐的幸福回忆，一定程度上制造了另外一种不道德行为。将道德价值转化为经济机制，转向技术人工物的商品化，消解了设计者既定的预设场景，但在"装置范式"的规则下，将人的主体性解放出来，使人一定程度上脱离了持存者的角色，去从事更为复杂的道德活动。人与技术人工物共同成就了道德主体的自由现象。

4.2.2 技术权力的自由

1. 技术人工物的技术权力自由复苏

玛吉·博登（Maggie Boden）认为，人工智能技术人工物能够把人类从单调乏味的工作中解放出来，让人类去追求更加人文性的活动。社会科学家巴蒂雅·弗里德曼（Batya Friedman）和皮特·卡恩（Peter

Kahn)认为,使用者把支持工具当成拐杖,用机器的输出代替自己的判断思考。例如,医生通过仪器诊断病人时,某种情况下的生死抉择依靠机器的信息输出,技术权力削减了医生的自主性,医生遵从机器对患者做出的评估。此时,责任承担者是机器还是医生?机器的输出结果貌似直观可信,那么机器越像人一样体现真正的道德智能,人们越默认该技术拥有道德责任和技术权力。因此,人类赋予技术人工物的技术权力和道德责任,某种程度上与技术人工物的工具属性不匹配。人类甚至主动放弃道德责任,将道德责任和技术权力绑定在一起,寄托于技术人工物身上。亚里士多德反对在某种恰当的意义上认为技术人工物具有本质的观点,如形式和物质真实之间的结合体方面。一个成熟的道德智能体是一个认识到不同观点会产生不同偏好分级的个体。这个不同的偏好可能无法以一个完全中立、独立于任何观点的方式而存在。此时,技术权力间的博弈关系逐渐兴起。

另外,温德尔·瓦拉赫(Wendell Wallach)和科林·艾伦(Colin Allen)从自主性维度和敏感性维度,将技术人工物的道德分为两种,即"操作性道德"和"功能性道德"。处于维度低端的技术人工物系统仅仅具有"操作性道德",在设计者和使用者层面可以解决。当设计进程在充分考虑伦理价值的前提下进行时,"操作性道德"被完全掌控在技术人工物设计者与使用者的手中。伴随技术程度的提升,"功能性道德"逐渐成为技术功能的特定形式,行使该项"功能性道德"能力的同时,对技术人工物自身的道德行为起到了约束作用,形成一种伴随性道德治理与自我治理的路径。一种是来自于技术本身内部的组织能力,其通过功能性道德的聚集,完成这种"功能性道德"作用。另外一种是来自技术本身的自我创生与修复能力,其衡量自身技术生命周期的同时,创生出许多自适应和它适应的新生性"功能性道德"能力,其构建和繁衍依然需要人类作为其代理人。但随着计算机和生命科学技术的发展,科学家研发出"生成式"的人机接口,使用者可通过全感官的方式参与其中,扩展操作性和功能性之间的道德边界。

本研究认为,在技术现象哲学的"国度"里,技术人工物的道德意向性约等于经典哲学世界里的道德属性,技术现象哲学将经典哲学框架内的道德标准扩充到技术人工物的范畴内,采用语义下行的方式,削弱了人类作为道德属性的专属权,将其扩展到非人领域的技术人工物中,以此换取人类在快速发展的技术世界中占据道德话语权的主导地位。用技术人工物的道德自由约束技术人工物的行为,同时包括设计技术人工物的设计者和使用者。不能简单地认为技术人工物不具有道德权力,肆意将其扩张至人类不可控的视域,走向人类中心主义陷阱;同时,也不能夸大技术人工物的道德自由,绑架人类道德权力,走向技术中心主义陷阱。因此,技术人工物的道德活动是建立在技术权力和道德自由的双重约束之下。

2. 技术人工物的权力自由与困境

艾萨克·阿西莫夫(Isaac Asimov)针对机器人提出了三定律:第一,机器人不可以伤害人类,或者因为不作为让任何人类受到伤害;第二,机器人必须遵从人的指令,除非该指令与第一定律相冲突;第三,机器人必须保护它自己的生存,条件是那样做不和第一、第二定律冲突。虽然阿西莫夫在小说中这样描述,但现阶段机器人技术还未发展至科幻电影中那般程度,这在某种程度上也反映了真实世界的诉求,说明人类还是担心类似机器人的高技术人工物威胁到人类的安全,这也促使一部分伦理学家有所担忧。历史总是似曾相识,在摄影技术诞生初期,也曾存在摄影术能够摄取人的魂魄的说法,但随着摄影技术的快速发展,社会进入影像时代,形形色色的摄影技术的产物进入人们的日常行为活动中。可见,技术科学家和哲学家们争议的点在于他们看待技术本身的角度不同,哲学家认为技术本身具有社会性,技术人工物的使用会影响人类的日常行为,而技术科学家认为技术属于物理结构和技术功能的范畴,是在物质框架下进行的工具性活动。但双方均保留了沟通的空间,不断揭示技术人工物隐含的多元化的潜在风险和价值趋向。

技术人工物的道德自由性长期受到二元框架下的质疑，但在技术现象哲学讨论的范畴内，建立在去中心化的框架下，消解了主体与客体强对称的现象，也消解了道德主体和道德客体的表述。用技术人工物的道德意向性来代替道德主体性，用人与非人来区分主体和客体，用弱对称性代替强对称性，试图突破语言学上的意义建构的桎梏。据英国《快报》（Express）2019年2月18日报道，哥伦比亚大学的创造性机器实验室构造的机器人，出现自我修复意识的苗头。另外，阿特拉斯机器人（Atlas robot）可以根据外部环境自主调整和修正自身数据，处理各种复杂的外部情况。

根据技术人工物的智能程度不同，技术权力的道德自由程度存在差异。人类可以控制弱技术人工物的行为方式，在经典技术哲学框架下，弱技术人工物不具备道德属性中的能动性，因此没有道德自由，仅仅在人的参与下助推道德活动。但在技术现象哲学的框架内，强调弱技术人工物能动性中的"能"，从意向性的能力和趋势定义弱技术人工物具有道德意蕴，可以纳入道德自由的范畴内，用一种弱对称的关系，将技术人工物纳入道德自由可探讨的范围。双方均认同弱技术人工物也会塑造人的认知和行为方式，分歧在于对弱技术人工物道德自由程度的界定。高技术人工物的技术权力自由存在不可控的潜在风险，弱技术人工物的技术权力自由偏隐性状态，需要人类的参与，才能触发其技术权力的自由势能。

诚如摩尔定律所认为的那样，随着技术革命的社会影响力增大，伦理问题也相应地增加。因此，采用技术人工物的背后，存在一种社会塑造的张力，它改变人的品行和意识，甚至培养出一种前所未有的行为习惯，建构了一种未知的技术权力塑造下的技术社会景观。另外，人类的自主性和对技术依赖之间有哲学的张力。正如信息技术基于逻辑延展性，基因技术基于生命延展性，纳米技术基于材料延展性，神经技术基于心灵延展性，这些被称为会聚技术（NBIC）的技术人工物将具有建造新物体、新环境甚至新思维的能力。一步步突破既有框架的限制,在既有框限范围进行插件式的修复,无论是外置式的"道德物化",还是内置式的"道德中介",都尝试将技术人工物的道德自由"修复",完成现代化语境意义上的"道德自由"。

4.2.3 物准则的自由

1. 技术人工物的弱准则自由

荷兰技术哲学家克洛斯(Peter Kroes)和梅耶斯(Anthonie Meijers)提出技术人工物的结构—功能的"二重性",通过物理结构指向技术功能完成技术人工物的设计,用物质框架设计出非物质框架下的技术功能,帮助人类完成某些行为活动,如机器、家电、建筑等。在工程视角下设计的技术人工物,遵循技术人工物的弱准则自由,工程师或设计师给予弱技术人工物自由的限度,以替代人类的劳动活动,释放人类身体的部分自由。弱技术人工物凭借物质框架约束,同样起到强制性的道德约束,如道路隔石墩凭借其物质属性和强制性功能,成为强制性调节的道德产物。

另外,詹姆斯·穆尔(James Moor)将伦理智能体分为四个层次。第一层次为"伦理效果智能体",技术人工物所显现的伦理意向性造成的伦理影响均可归为此类。第二层次为"隐含式伦理智能体",此类技术人工物设计者可以在技术设计方面保障其安全性,不存在负面的伦理影响。第三层次为"显现式伦理智能体",此类技术人工物可以通过内置程序进行伦理约束。第四层次为"完备伦理智能体",此类技术人工物可以进行道德判断和道德决策。前两种智能技术人工物伦理层次处于弱准则自由的范围内,属于物质框架约束的智能技术人工物;后两种伦理层次属于强准则自由的范畴,对道德活动行为具有较强的约束力,技术人工物的设计和使用能够在物准则自由的既定范围内活动。

相对于高技术人工物而言,弱技术人工物不具有独立意志,仅能在设计和编程的程序范围内实施行为，隐患在于人类利用弱技术人工物进行不良道德行为，人工智能法律研究者刘宪权称此行为为"外患"。高技术人工物有能力在设计和编程的程序范围外，依靠自己的独立意志实施危害社会的行为，此情形被称为"内忧"。此时，弱技术人工物作为道德中介转译人类的道德活动，人类与弱技术人工物共同成为"持存者"的道德行动体，实现弱准则自由下的道德活动。

因此，本研究认为，弱技术人工物中的道德价值逐渐替代道德自由。技术人工物弱准则中的自由消解了人与非人的强对称性，将技术人工物转化成非人的语境，参与到社会行动者网络中，并且弱准则的技术人工物名单不断地被扩大。技术人工物需要在特定的形势下为自己的道德行为负责，通过道德自由最大化体现其道德价值，减轻人类的道德责任。在技术人工物的弱准则世界中，没有哪个技术人工物对其他技术人工物负责，它们各自在其道德价值体系内行动。道德责任将被逐渐消解，转换为道德价值，道德价值代替道德自由，成为物准则世界里道德自由的"货币"。人类暂时成为弱技术人工物的管理者，享受其带来便利的同时，也相应地承担着弱技术人工物的道德责任。

2．技术人工物的强准则自由

技术人工物的强准则自由是针对高技术人工物的一种物准则。常规弱技术人工物在人的参与下形成第三重身份，即以"持存者"的角色助推道德自由活动。现阶段的认知中，离开人的弱技术人工物不存在道德自由的概念。但高技术人工物自身拥有独立思考和意识判断的能力，有可能超出康德的因果道德律的约束，有很高的能动性和破坏能力，并且存在无法约束的自由行动力，有很大的潜在隐患。因此，对高技术人工物要实施强准则自由的约束。以智能机器人为例，通过"写入"道德程序的芯片，控制技术人工物的技术权力与行为自由。但高技术人工物的内部路径的道德"写入"仍然存在一定的风险。2007年10月，福斯特—米勒公司将远程遥控装载机关枪的机器人送至伊拉克战场，记者诺厄·沙赫特曼（Noah Shachtman）报道了在南非机器人杀死了9名士兵、让14人受伤的事件，经调查是机械故障所造成的，同时也存在不同的看法。该高技术人工物来自佐治亚理工学院，计算机专家纳德·阿金（Ronald Arkin）2007年获得美国陆军资助，开始研发软件和硬件来帮助作战机器人遵守战争的伦理准则。因此，高技术人工物的强准则自由仍需要工程师和政策制定者买单，需要有责任主体和建构性评估程序参与到高技术人工物的强准则自由的框限权力制定中。

但本研究认为，科学家试图通过更高级的技术去解除由高技术人工物产生的焦虑，存在一定的自相矛盾。科学家在对技术迷恋和自由技术引起的焦虑之间，存在某种难以破解的张力。一方面，所有未来学家通常都害怕技术会脱离人类的控制；另一方面，更多的可能源自技术揭露人类存在价值的个人担忧。技术的建构不仅来自已有技术的组合，还来自对自然现象的捕捉和利用。我们必须关注人类对其的认知，特别是人类思维在这一组合过程中的巨大作用。同时，我们也必须弄清楚技术怎样创造出技术，遵循新技术发展规律，先是精神的建构，之后才是物质的建构。在单个弱技术人工物的层级上将物准则自由纳入其中，当单个弱技术人工物组合成高技术人工物时，控制单个弱技术人工物的弱准则自由，以缓解高技术人工物带来的强准则自由的"破功"风险。当然，试图用简单的数变消解质变的责任与风险，存在可探讨的空间。

4.3 技术人工物的道德中介

"道德中介"来自荷兰技术哲学家维贝克（P. Verbeek）"技术调节"（technology mediation）的延伸概念。也有部分学者将"technology mediation"翻译为"技术中介"或"技术调解"。"技术调节"中的"调节"来自生物学的概念，指代人体各生理机能间相互协调适应的现象。"技术调节"偏向中性的概念，而"技术调解"暗含积极的干预，偏向正向作用，"技术中介"则偏向平台的概念，充满着多种可能性，不仅仅是道德物化的设计或物的自适应调节，与技术调解的积极性存在差距。本研究采用"技术调节"的延伸概念"道德中介"这一中性术语，将技术人工物当作一种"中介"，类似婚姻介绍所，可以成就一段佳缘，亦存在失败的可能性，尝试从技术哲学伦理转向的视角探析技术人工物的治理路径。技术人工物作为一种中性的、未知的技术产物，存在很多不确定性的潜在伦理风险，因此，采用"道德中介"这一中性界定更为妥帖，将"道德调节"作为"道德中介"的一部分。

  技术人工物属于技术科学的范畴。中国没有"科学"这个词汇，最接近的词为"格致"，出自《礼记·大学》"致知在格物，物格而后知至"，后引申为"格物致知，诚意正心，修身齐家治国平天下"。"格致"中含有道德的意义，不单单是对客观自然规律的观察。另外，法国哲学家贝尔纳·斯蒂格勒（Bernard Stiegler）扩大了技术的含义，将道德、文化、艺术等纳入技术的范畴中。其引用古生物学家勒鲁瓦-古兰（André Leroi - Gourhan）的生物进化相关研究成果，认为生物的进化是把物种特征以及后天习得的特征内在化于基因之中；而人类的进化则是将肌肉特征、骨骼特征、神经系统特征以及意识形态特征，逐步地外在化于身体之外的技术人工物之中。因此，人类通过外置的技术人工物不断实现人类的生存过程。技术人工物在伦理转向的路径上含有道德中介的内涵，蕴含了道德层面的作用机制。本研究根据技术人工物道德中介调节的不同状态所起的作用，大致将其分为三组："放大"与"缩小""居间调节"和"异化"，如图4-3所示。

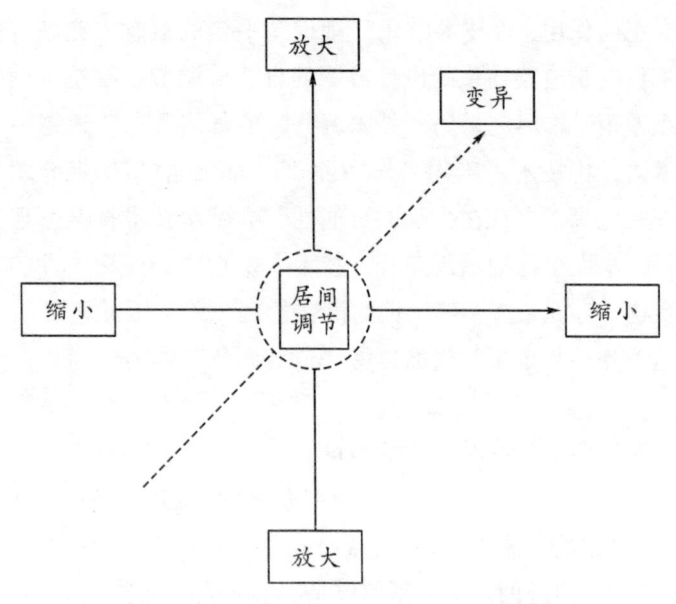

图 4-3 技术人工物道德中介作用示意图

4.3.1 道德中介的"放大"与"缩小"作用

"放大"和"缩小"是技术人工物作为道德中介最基本的作用。道德中介的"放大"作用是指人类通过技术人工物更快捷地聚焦并认识某一事物,"缩小"作用是指人类通过技术人工物更宏观地认识某一事物。"放大"和"缩小"是技术人工物道德中介作为技术调节的重要组成部分。唐·伊德(Don Ihde)提出人与技术关系存在四种关系,即具身关系、解释学关系、他者关系和背景关系,其中具身关系和解释学关系是知觉的转化,通过技术人工物作为道德中介的"放大"和"缩小"作用进行转译。海德格尔(Heidegger)将这种"放大"和"缩小"的作用称为技术转移过程的"遮蔽"作用。例如,锋利的刀具具有切割的功能,对人类具有危险性,在乘坐火车时被禁止携带进站,原因在于刀具有危险性,这种危险性在日常生活世界中一定程度上被"遮蔽"起来或者"缩小",设计者将刀具限定在厨房内的使用情景，一旦跃迁出特定的设计场景，这种技术人工物的危险性被"解蔽"或"放大"，将会产生不道德的行为活动。因此，技术人工物的道德中介产生"放大"和"缩小"的作用，需要依赖于特定的设计情景和使用情景。

技术人工物的"放大"和"缩小"类似计算机图像的像素，当技术人工物完全接受指令信号后，图像局部可以无限放大，画面像素比较清晰。但存在深陷日常生活世界细节中的可能性，容易忽略空间因变量的因素，在一个空间维度上无法正视事情的全貌，局限在虚拟的"像素陷阱"中，存在"盲人摸象"的局限性。当"放大"后，仅仅是某一个维度的技术问题被呈现，虽然可以增加空间的延展性变量，但很多"坑洼"地带的问题未被发现，无法以一刀切式的平面思维解决技术引发的复杂问题。当实质性的技术进步达到一定峰值时，所引发的不单单是一个维度上的问题，更多地已经转化为社会性的复杂问题。技术仅仅是架起问题矛盾点的一架望远镜，问题导火索迟早会被点燃。因此，道德中介作为技术问题的放大镜时，要警惕单向度的聚焦，而忽略技术问题的复杂性和多变性，从不同空间维度和领域进行追溯，以道德中介为问题"宿主"，溯源技术引发的社会伦理等问题。

作为道德中介的技术人工物"缩小"后可被窥探全貌，但却忽略了人类生存过程性的意义。日常生活世界的技术现象，以技术为道德中介"缩小"观察维度，走向技术为核心的去中心化社会，消除日常世界的生活场景和使用场景，将一切技术物和事件回归到技术本质原点。此时，技术人工物的本体属性还原至技术结构和物理功能，转向工程视域下的技术哲学思考。但日常生活世界中，我们发现技术革新和突破时间很长，技术人工物的技术属性很难发生改变，依托技术衍生的物质框架没有增加，变得丰富的是使用情景和设计情景。例如，日常使用的水杯所使用的材料，随着材料学和保温技术的发展，从原来的陶瓷、金属、塑料发展到现阶段的纳米复合材料等，技术人工物的技术结构和物理功能增量处于稳定态。随着技术的道德化，人的使用场景和设计场景被引入技术人工物的生产与使用中,产生特定环境下的改变,产生了保护婴幼儿的环保水杯、病人用的常温水杯、防摔倒的吸盘水杯等。生活场景和使用场景的多样性和丰富性,推动了更多技术人工物的产生,以技术中介"缩小"为技术原理,助推道德中介"放大"人类生存的意义,转向人文路径的技术哲学思考。

人类的"情感"就像一个"手提箱"式的词汇,我们用它来掩盖大范围内不同事物的复杂性,而这些事物之间的相互关系我们还没有理解。例如,高技术人工物是人类使用机械和电子组件设计的机器;人类是具有从父母那里继承的某些遗传倾向而出生的生物,并且随着时间的推移逐渐发展其认知功能。但是,这个边界正在慢慢模糊。一方面,人类将技术人工物组件纳入自己的身体和大脑,以增加弱势群体的身体机能和认知能力;另一方面,研究人员正在使用生物材料设计技术组件,制造类人的机器人。常规意义上,智能技术人工物能够胜任人类设定的常规任务,但缺少自适应的思想能力和情感价值。事实上每个生命细胞由上千种与机械部件类似的构造组成,人类将机械部件的某些技术功能"放大"或"缩小",以影响人类生产活动的某些知觉,赋予智能技术人工物特定的生产效率,以期达到提升人类生活质量的目标。

4.3.2 道德中介的"居间调节"作用

技术人工物的"放大"和"缩小"作用是一个相对的概念,同样存在道德中介的"居间调节"状态,处于技术人工物的某种平衡关系中,往往这种状态是复杂技术问题的突破点。"居间"一词引自豪尔赫·路易斯·博尔赫斯(Jorge Luis Borges)提供的概念维度,原意是指古代的过渡仪式中的阈限(sensory threshold)阶段所具有的浑然面貌,阈限处在两个界类相重叠之处,成为转换社会身份的通道。"居间调节"是在道德中介"放大"和"缩小"相对概念临界象限处的一种状态,是技术道德化过程中平衡设计者、使用者、分销商与制造商的结果,是以资本时长为主导的博弈产物。道德中介的"放大"和"缩小"作用更倾向于在同一个象限内发生作用,而技术人工物道德中介的"居间调节"是在象限临界点上突破象限维度的作用,如X和Y二位象限坐标轴,"居间调节"是在X值或Y值为零的状态下,调节另外一个Y值或X值的现象。此时,技术人工物道德中介处在非理性状态,来自外界的使用情景处在变化之中,技术人工物的技术结构和物理结构无法发挥出设计者预期的功能作用。

另外,人类世界的发展依赖技术人工物的存在而存在,保障人类一代代有条不紊地演进。人类是世界发展过程中不稳定的因素,在人类和技术人工物的彼此塑造中,以技术人工物的方式物化沉淀,推动人类世界文明的发展。在此过程中,技术人工物作为道德中介存在"居间调节"的作用,改善人类优良的记忆传承和文明基因,同样也存在不良的变异问题,影响着技术人工物和人类的发展。动物的进化是将经验技艺写入基因中,而人类则是外化体外技术人工物,通过技术人工物的材质、功能、文化、习俗等综合体系延续人类进化的记忆,以技术人工物为中介,通过放大、缩小、居间和异化等作用续写着人类的技术与文明。

技术人工物"居间调节"作用缓解了技术、人与社会三者间的紧张关系的同时,以一种中性意向的作用,转向伦理意义建构的通道,通过转换不同维度界面以展开探讨。"居间调节"在不同感觉阈限间助推,以一种非稳定状态的价值判断标准,演绎出多重可能性。"善"的价值阈限有助于技术人工物走向"善"的象限内,而"恶"的价值阈限则助推技术人工物走向"恶"的象限内。但是,"善"与"恶"的评价是建立在稳定的普世价值关系之上,有时特定技术人工物的"居间调节"作用会改变这种普世的价值评价关系,消解"善"与"恶"的结果论,转向功能论的价值判断。技术程度越高,居间调节作用越不稳定,阈限的波动性越大;反之,技术程度越低,技术人工物居间调节作用越稳定。高技术人工物存在不稳定的居间调节作用,意味着受到的干扰因素多，其跃迁或变异的可能性大。因而，常常利用高技术人工物的居间调节特性，设计出能量波动较大的高技术人工物，如高能作战武器、高压变阻器等。

4.3.3　道德中介的"异化"作用

技术人工物作为道德中介调节的存在物，特定环境下会产生物性的"异化"现象。通过技术人工物道德物化所"放大"的道德善意，可以帮助人类更容易地完成道德活动，改善人类的日常生活世界。但随着技术人工物技术水平的提升和日常生活环境的变迁，技术人工物需要随着使用情景的变化而改善。在技术人工物改善的过程中，存在技术人工物的过渡、滞后和遗留等问题。与道德中介的"居间调节"有所不同，"异化"作用使技术人工物脱离了 X 值和 Y 值的象限轨迹和临界点。"异化"作用完全处于黑箱状态，影响因素来自多种渠道，很难判定其内在发展趋势和影响原因。

"异化"一词源自拉丁文"alienatio"，意为转让、疏远、脱离等，与"外化"同组表达"他者化"的意思。德国哲学家黑格尔（Hegel）将其定义为主体与客体的分裂、对立，提出人类在日常生活世界中存在"异化"的可能性。马克思主义哲学认为，人类在从事某项生产活动的过程中，会产生该技术产品统治人类的现象，其根源来自资本入侵后私有制导致的社会阶层分工固化，部分群体依赖人类所生产的技术产品，导致该群体丧失能动性。马克思（Marx）明确表示："金钱是导致人类技术产品异化的本质。"以当代社会中商品房的异化现象为例，人类将原始住房商品化后，房屋产生了"变异"，逐渐脱离了居住的技术功能，与商品价值等价，成为资本化概念的主体，居住的功能性成了客体。反观其他技术人工物的设计生产和使用过程，异化现象均与资本参与存在直接关系，当技术人工物的技术功能和物理结构不再成为用户使用的主要动力时，技术人工物的道德中介便产生了异化作用，该问题将转向技术之外的矛盾点。

随着人类对技术人工物"异化"作用的认知加深,人们发现该作用不全然是坏处,有利于突破技术设计的进程,可以合理化技术人工物演进过程中的跃迁。因而,"异化"作用同样是技术人工物设计过程中客观存在的规律,是量变到质变的某种特殊形态。吉尔伯特·西蒙栋(Gilbert Simondon)认为,"今天的世界中,最强有力的异化并不是由机器引起的,而是由对机器的错误理解引起的,是由未能理解机器的本性与本质而引起的,由机器从意义世界中的缺席,由文化完整的概念和价值表上对机器的忽视而引起的。""异化"产生的机制具有不确定性,但技术人工物的设计功能可以得到验证。实践是检验一切的真理,技术道德化的"异化"同样需要检验,贸然地否定既存的状态,从另外一个层面来看同样不可取。

因此,技术本身就是一味药(pharmakon),既能帮助人类解毒,也能够使人类中毒。人类在使用技术人工物的同时,也在被技术人工物塑造着。技术人工物在潜移默化地改变着人类的生存方式和生活场景。在技术快速发展的快速轨道上,人类如驾驶着技术人工物这趟列车,当前方需要急刹车时,是无法立刻停止的,会因惯性过大而发生严重车祸。因而,技术人工物道德中介在借助合理"异化"作用的同时,要警惕可能潜在的风险,不能为了合理化技术带来的便利,而忽视其可能存在的危机。

4.4 "技德"案例诠释:智能穿戴服装

智能穿戴服装(Smart Wearable Clothing)是人类皮肤技术化的延伸,不断与人类发生具身关系,满足人类多元化的需求,其使用人群和市场需求逐渐提升。根据美国领先的调查机构 Grand View Research 2015 年发布的调查数据,随着人口老龄化和儿童优质市场群体扩大,加上电子元件和织物制造成本的降低及电子产品的小型化,智能穿戴服装在医疗领域的市场将会大幅度提升。智能纺织品制造商为养老院、医院等机构提供智能医疗服装、智能儿科服装等智能面料产品，比较出名的智能纺织品制造商有 Clothing Plus、Camria、Hexoskin、Pireta、Stitch、3Tecks 等。智能穿戴服装逐渐从欧洲市场扩散到北美乃至亚洲国家。目前，中国市场处于起步阶段，智能穿戴服装需求呈现上升趋势，同时也遇到一些现实问题。例如，智能穿戴服装市场不成熟，设计情景和使用情景有待明确；目前市场上智能穿戴服装仅停留在保健商品范畴，真正运用在家庭健康监护方面较少。造成这两种现象的原因有两点：第一，智能穿戴服装的设计情景定位在医疗健康监护，脱离了常规性健康监护的概念，功能性产品的细分结构没有形成体系，容易与医疗产品混淆；第二，智能穿戴服装的市场秩序没有形成，易与医疗保健品混淆，造成使用情景定位不明确，无法分辨相近产品的异同。

4.4.1 走向设计伦理驱动的"第三阶段"

随着智能穿戴技术的发展和人口老龄化的加剧，智能穿戴服装成为人们日常新的需求。智能穿戴服装发展分为三个阶段（见图 4-4）。

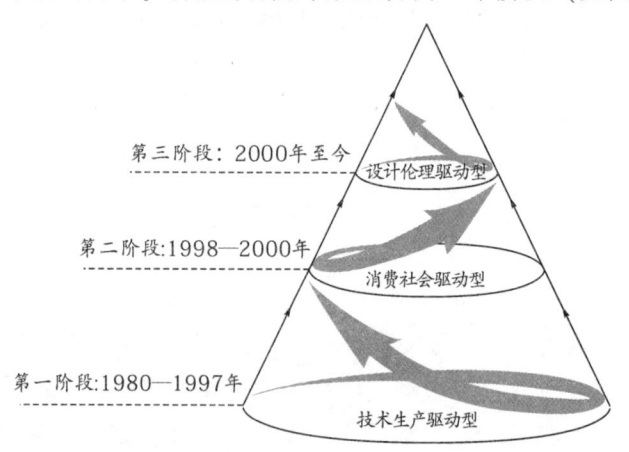

图 4-4 智能穿戴服装发展的三个阶段

第一阶段：技术生产驱动型（1980—1997 年）。20 世纪 80 年代智能穿戴服装的概念还没有成型，仅仅在智能可穿戴技术的基础上孕育孵化，以技术为驱动助力可穿戴技术的发展。其应用集中在软件方面的传感和显示技术、硬件方面的传感器和显示器等，对于市场和消费者的使用情景没有详细考量，属于典型的技术生产驱动下的技术实验阶段，虽完成了产品可穿戴便携的物理结构和技术结构的结合，但穿戴舒适程度和使用效果较差。

第二阶段：消费社会驱动型（1998—2000年）。随着消费市场拓宽和经济发展，智能穿戴技术在医疗类服装领域的应用得到了关注，飞利浦、三菱、杜邦等多种类型的创新性企业拓宽了消费市场，纺织材料、智能穿戴技术、服装设计等多学科的融入推动智能服装设计的蓬勃发展，消费市场和新兴产品的双效驱动促进了智能穿戴服装的萌发。

第三阶段：设计伦理驱动型（2000年至今）。随着消费市场和智能穿戴技术的成熟，智能穿戴服装逐渐将设计伦理与真实弱势群体需求相结合，用户体验、技术功能、物理结构等方面大幅度提升。目前，智能穿戴服装在医学领域可应用在临床监控、家庭监护、特殊人群监测等方面，通过信号采集、分析设备集成在服装及其附件上，从而能够在人们日常着装时监测人体各项生理指标。一方面实现了健康监护的功能，另一方面通过设计融入人们的日常生活，尤其是在老、弱、病、残等弱势群体中，起到了检测与呵护的作用，为真正实现大健康设计做出了极大的努力。

4.4.2 "道德化"的技术设计过程

智能穿戴服装依托设计伦理的驱动，逐渐将技术功能与伦理意义相统一，实现技术人工物技术功能的道德化。智能穿戴服装具有"多元稳定"的道德意向性，融合了"能力"层级的道德意向性和"指向性"层级的意向性，兼具功能性指向的同时，更多地指向了设计伦理价值，综合了多种道德意向性。在技术生产驱动型和消费社会驱动型阶段，设计智能穿戴服装的目的仅能还原至功能性的使用层面，而今将还原至道德性的使用层面，设计和生产该技术人工物的核心是完成某项具体的道德活动。因而，技术人工物的技术功能逐渐走向了"道德化"的进程。

第三阶段智能穿戴服装设计属于道德活动范畴。智能穿戴服装的技术功能满足弱势群体的健康需求，将道德价值设计至智能穿戴服装中，代理医生实施部分道德活动。该阶段智能穿戴服装起到了道德中介的作用，"放大"了技术人工物的道德功能和技术权力，以物准则的健康监督机制运行，发挥"善"的技术物化作用，"缩小"了公共资源的占有率，缓解了社会医患关系，用技术道德化的手段消解了社会伦理问题，一定程度上将不稳定的社会问题因素转移到了技术控制范畴内，采用可控制变量解决不稳定变量引发的社会动荡。

另外，多元化"物准则"行动者的组合设计，有效地实现了抽象技术到具象物体再到人技合一的技术设计过程。在设计伦理价值和设计模式的双重作用下，"道德化"的技术功能孕育而生，与适用人群逐渐形成"具身关系"，成为人类身体的延伸，形成多种应激反应，不以适用人群的主观意识为转移，呵护适用人群的身体健康。其中，智能穿戴服装由医疗监护服装、医疗服务机构、适用人群三部分作用主体组成。医疗服务机构可概括为诊所/医院/医联体、体检与管理机构、医疗保险机构及其他健康服务机构，分别对应健康治疗、检测、预防、保险等方面，囊括了多元的服务主体，逐渐从单一属性的服务机构，转向多渠道交叉的医疗服务主体，走向大健康服务设计的范畴。医疗服务机构在计算机技术、互联网技术、数据传输与存储等技术的推动下，实现了适用人群与医疗机构的双向反馈，促进了家庭式"互联网+医疗"智能穿戴服装的发展。在设计伦理价值和设计模式运作机制下，驱动设计者、使用者和技术人工物三者互动，实现智能穿戴服装的健康服务。通过医疗机构、使用者和智能穿戴服装的联动关系，帮助心脏病患者检测自身心率情况，完成设计情景和使用情景的统一。

智能穿戴服装生态流程图如图4-5所示。

```
┌─────────────┐    ┌─────────────┐    ┌─────────────┐
│ 医疗服务机构 │    │ 智能穿戴服装 │    │   适用人群   │
├─────────────┤    ├─────────────┤    ├─────────────┤
│诊所/医院/医联体│   │ 智能穿戴服装 │←──│     老人     │
├─────────────┤    ├─────────────┤    ├─────────────┤
│体检与管理机构│    │   输入设备   │    │     幼儿     │
│             │    │(健康信息搜集)│    │              │
├─────────────┤    ├─────────────┤    ├─────────────┤
│ 医疗保险机构 │    │   处理设备   │    │     病人     │
│             │    │(云数据诊断) │    │              │
├─────────────┤    ├─────────────┤    ├─────────────┤
│其他健康服务机构│←──│  输出设备   │    │    残疾人    │
│             │    │(手机等显示硬件)│  ├─────────────┤
│             │    │             │    │ 其他弱势群体 │
└─────────────┘    └─────────────┘    └─────────────┘
         ↕              双向反馈             ↕
```

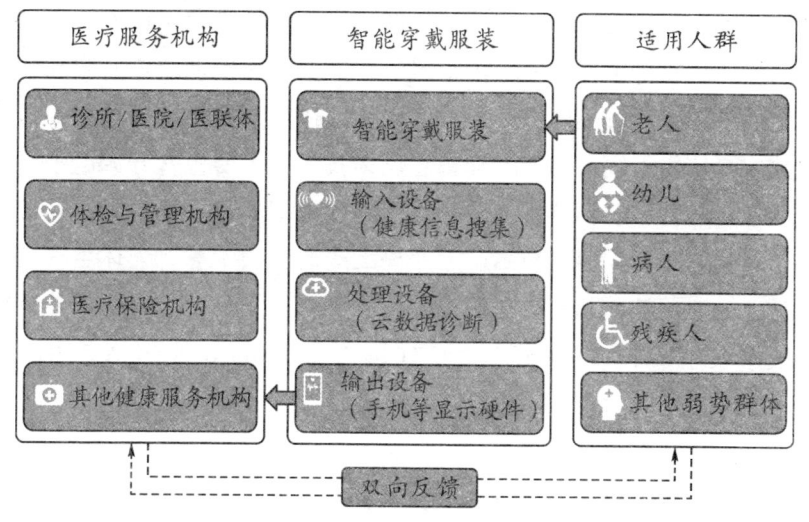

图4-5　智能穿戴服装生态流程图

4.4.3　弥合生命器官的"不在场"

技术功能弥合人类阶段性生命器官的"不在场"。根据美国技术哲学家唐·伊德（Don Ihde）的"人—技术"关系理论，技术作为一种有待解释的符号与我们发生关系，称为"解释学关系"或"诠释学关系"，即通过智能穿戴服装的输出与显示设备、交互感知方式等软硬件技术结构及功能，给予用户视觉、听觉、触觉和味觉的感知，以达到使用者的客观需求。对于幼儿、老人、残疾人等弱势群体，存在人体器官的功能性"不在场"，技术化的器官对于该群体而言属于身体器官的延伸。从某种意义上来讲，人类从出生到死亡的整个过程，均是在不断通过技术功能寻找"身体器官"，通过器官的外化寻求某种自我的"在场"。

智能穿戴服装通过"道德化"的技术功能，呵护弱势群体的生命健康。实现智能穿戴服装"道德化"技术功能包括两部分，即人体数据的搜集与传输反馈。人体数据搜集设备主要是传感器，传感器技术

109

是医疗监护服装的感知部分,用于搜集人体的温度、心跳、心率、血压等多种人体健康指标数据。传感器依据性能的不同,可以分为运动传感器、生物传感器、环境传感器等。根据人体生理信息监测和信号频率的范围,通过不同的传感器来搜集人体生理信息。人体数据传输反馈主要依靠无线通信技术和信息反馈技术,主要包含开源电子平台技术、STM32控制器技术、BLE蓝牙低自组织低速短距离无线通信技术、无线射频识别通信技术、近距离无线通信技术等。人体生理信息通过无线通信技术和信息反馈技术传输到智能平台上。以婴幼儿智能穿戴服装(见图4-6)为例,2014年初,Mimo推出搭载iOS或Android应用系统结合英特尔Edison芯片的婴儿连体衣,芯片内置在可拆卸的绿色塑料乌龟内,用以监测婴儿的心跳、体温、呼吸频率等多项体征数据,可利用手机App实时监测婴儿的整体状况,借助该装置的技术功能弥合处在幼儿时期的人类感知器官的"不在场",以保障新生命在这一时期顺利过渡,赋予它下一阶段寻找"自我"的权利。

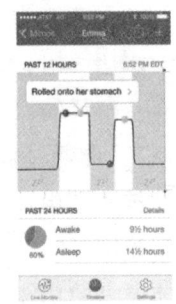

图4-6 婴幼儿智能穿戴服装

4.5 本章小结

本章通过对技术人工物的道德意向性、道德自由和道德中介进行系统的研究,认为技术人工物具有一定程度的道德意蕴或道德意向性,分别从"能力"层级的意向性、"指向性"层级的意向性和"多元稳定"的意向性展开探讨,系统地解释了经典技术哲学和技术现象哲学对于技术人工物的道德意向性的区别,认为后者更具有兼容性和开放性,更适合快速发展的技术问题解决路径,而技术人工物的道德自由是其具有道德意向性的具体表现,并围绕技术人工物的道德主体的自由,展开了三个维度的探讨,即道德主体的自由、技术权力的自由和物准则的自由,从主体与权力、准则与规范的角度阐释了技术人工物的道德自由的具体内涵。笔者认为技术人工物起到的道德中介作用,具有"放大"和"缩小""居间调节""异化"的作用。最后,通过智能穿戴服装的具体案例,诠释了技术人工物实现技术道德化的设计过程,以及在人类日常生活中发挥的道德作用。

第 5 章 技术人工物设计伦理转向之"物律"

技术人工物设计伦理转向与前两种经验转向有所不同,第一次技术哲学转向(ET1)面向社会的经验转向(society - oriented),第二次技术哲学转向(ET2)面向工程的经验转向(engineering - oriented)。伦理转向被称为第三次技术哲学转向,区别在于技术设计是否具有实时的伦理约束性,以技术人工物为代理人的方式形式,起到道德规范作用,以"物律"的方式细分成不同程度的道德律。当人类上手使用这些技术人工物时,便进入该技术人工物的道德意蕴或道德化的使用中,缓解人类部分不道德行为。这也将消解"自律"层面较少约束力的现状、"法律"滞后性的缺陷,用一种即时存在的"物律"遏制更大程度的不道德行为,以规劝或培养规范的道德行为。当然,技术人工物设计的"物律"程度与使用者的使用情景有所关联,一定程度上会配有"法律"强制性的规范和"物律"中弱对称性的规范。

本研究将技术人工物"物律"设计的内容分为三部分,即道德想象、情景模拟和道德调节设计(见图 5-1)。道德想象和情景模拟属于较早的设计环节,其次是道德调节设计,但三者是一个循环反馈的过程,道德想象和情景模拟在道德调节设计的作用下,不断地重塑与建构更深层次的道德想象和更具体的情景模拟。

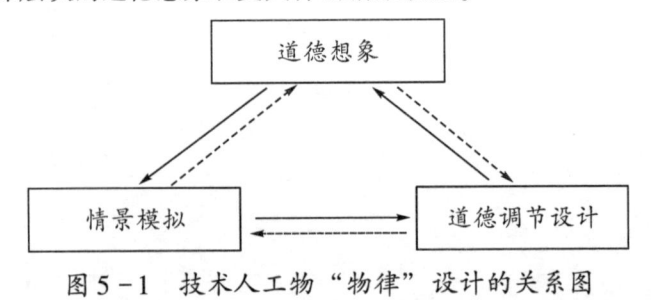

图 5-1 技术人工物"物律"设计的关系图

5.1 设计者的道德想象

技术人工物具有道德意向性的前提,为道德"写入"技术人工物中提供了可能性。维贝克(P. Verbeek)的"道德物化"思想提供了一种实践路径的参考,设计者在技术人工物设计之初进行道德想象,在设计语境和使用语境之间建立联系。设计者在他或她的道德评级中,通过想象技术人工物使用的方式以及使用者的操作行为,预设技术人工物的调节作用。设计者尝试想象各种技术人工物可能起到的作用,聚焦技术处理现实的方式,形成人与技术人工物的互动体验。在此阶段,将技术人工物设计中的道德想象过程分为三个阶段,即道德敏感性捕捉与识别、情感投射与移情、创造性想象与超越。

5.1.1 道德敏感性捕捉与识别

道德敏感性捕捉与识别最早由道德心理学者让·皮亚杰(Jean Piaget)开始关注,经由雷斯特(J. Rest)发展出了道德敏感性(moral sensitivity)、道德判断(moral judgment)、道德动机(moral motivation)和道德品性(moral character)的四成分模型(Four Component Model,简称FCM),如图5-2所示。道德敏感性是设计者的一种职业素养训练,设计者需要根据伦理知识、道德原则、伦理规范、伦理周期和工程设计的基本认知情况,做出道德敏感性的主观捕捉与识别,在技术人工物的"物律"设计实施的过程中,承担着道德活动向导的作用,是将技术"道德物化"的"引路人"。

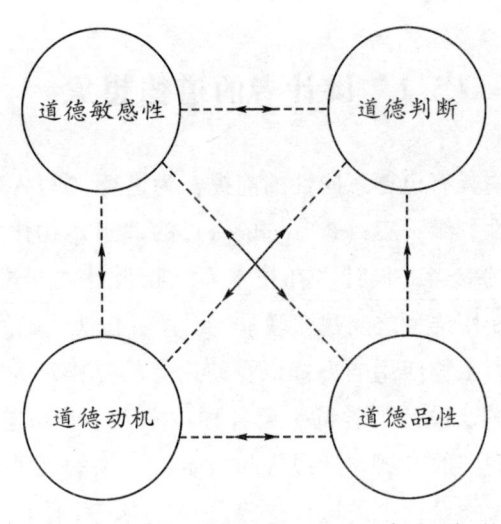

图 5-2　道德敏感性捕捉与识别的四成分模型示意图

敏感性捕捉与识别的方法是使用戴维斯（Davis）的实验法结合伦理经验和知识去判断。道德敏感性是知识、能力、责任、意识的融合，并且可以通过后天的学习、训练得到明显提升。华盛顿大学价值敏感实验室的巴蒂亚·弗里德曼（Batya Friedman）和彼得·卡恩（Peter H. Kahn）提出"价值敏感设计"，将其引入到技术人工物的设计当中，主要关注道德引进的价值观，包括隐私、信赖、知情同意、尊重知识产权、普遍有用性、偏见的自由、道德责任、问责制、诚信和民主等。

价值敏感设计是道德敏感性捕捉与识别的一种有效的方法。该方法认为伦理道德对技术人工物具有塑造作用，站在非中立的立场，从概念研究、实证研究和技术研究的综合角度，进行道德敏感性捕捉与识别。维贝克（P. Verbeek）将巴蒂亚·弗里德曼（Batya Friedman）和彼得·卡恩（Peter H. Kahn）的价值敏感设计引入至技术人工物"道德物化"的第一阶段，对技术人工物的技术调节起到了初期责任评估的作用，想象技术人工物在各个使用情景中可能会产生的道德敏感性的问题，通过技术调节合理规避。同时，价值敏感设计方法也是技术人工物采用最多的有效技术治理路径。

技术本身不仅塑造着物理世界,也塑造着我们居住和行动的伦理、法律和社会环境。人类一方面通过某些技术活动受益,另一方面又让该种活动变得更加艰难或不可能。人类无法掌握技术全部的发展规律,技术人工物的道德价值反映人类自身的认知价值。随着技术人工物充斥人类日常生活世界,潜移默化中改变着人类的日常行为和生活习惯,"善"的技术人工物将影响人类"善"的行为,反之亦然。例如,红绿灯等与人类发生解释学关系的技术人工物,往往是法律和物质技术的杂合体,它的调控能力依赖于强制性的交通规章制度人为地规定红绿灯的色彩意义,以规范人类的通行行为。同样,法律在很多方面也依靠技术来保证其裁决的法律效力,如依靠摄像机取证车辆是否超速,或者警察开枪的合法性。

一方面,技术专家论的视角中,道德敏感性捕捉与识别决定了看待技术人工物设计的路径频繁在"是"和"应该"之间进行隐性滑移,让伦理关注变得迟钝。任何与传统科学家的背离,都会被看作是非理智的、虚构的或幻想的,任何不能达成的事件都不存在伦理问题的担忧。然而技术人工物的设计本身对于人类来说,被视为一种"善",道德敏感性捕捉与识别保证了这种"善"的延续,时刻警示设计者和使用者保持道德敏感性,评估技术人工物设计中的价值与事实的统一,防止过度依赖狭隘的因果框架,长期低估社会因素的作用,过度强调一些可以量化的变量,忽略那些隐蔽的价值、经济、机构和文化可能造成的风险。

另一方面,随着技术人工物的技术程度增加,人类所感知到的技术人工物的"善"越来越少,金钱价值所能购买的技术价值越来越多,但购买到的人性"善"的价值越来越少。其中,技术人工物的技术程度高,技术功能性被推至技术人工物的前景中,物理结构将被隐藏在使用背景当中;技术人工物的技术程度低,物理结构和技术功能同时呈现在前景当中,其背景将被更深层次的人类意义和价值所填满。

以人类取暖事件为例，在漫长的进化过程中，最开始用火堆取暖，该过程是多人合作的阶段，众人拾柴后，围绕火堆取暖，温暖的感觉带给人以幸福感。随着技术程度的发展，人类住进了高楼大厦，设计出了暖气片取暖。暖气片将"火"推至了使用背景中，取暖这项技术功能通过暖气片这件技术人工物推至使用前景当中，一群人或一家人围绕火堆取暖的幸福感被消解。此刻的暖气片不再具有"幸福感"这项道德意蕴。直到空调取暖的出现，该道德意向全部沦陷至背景当中。人类在宽敞温暖的办公楼内，甚至都感受不到空调的存在，取暖中的道德价值完全被技术背景取代。因此，技术人工物带给人类功能性温暖的同时，消解了人类生存意义上的温暖价值，技术程度越高，人类道德价值层面的感知度越低。

另外，随着技术人工物的小型化、绿色环保、简约化以及自由主义在年轻群体中的盛行，如何捕捉和识别道德价值，并将其"写入"技术人工物中，成为经济市场的价值导向。功能性的技术人工物的生产过剩，导致市场自主调节需求发生转变，开始寻找更具道德价值的技术人工物，寻找带有情感温度的技术人工物。这种"返场"式的道德物化探寻，恰恰是技术过度去情感化发展的反应。中国科幻文学巨著《三体》中曾有这样一个情节，人类经历了数万年之后逐渐走向了灭亡，外星人侵占了地球，该群体科学技术高度发达，它们在地球上像考古发掘一样搜寻人类的轨迹。对于人类的科技成果，外星人完全看不上，认为这些科学技术太幼稚。外星人反而对人类的文学、电影、歌剧等事物异常地感兴趣，它们认为这些事物非常伟大、很了不起，它们的世界中没有这么有意思的事物。作者用科幻文学作品的形式表达了自己的观点，认为人类的价值不应该被技术过度发达而削减。因此，技术人工物的道德化和技术化需要均衡发展，两者并非天敌，一定程度上可以兼容并蓄。

5.1.2 情感投射与移情

技术人工物设计中的情感投射是指将人类的情感认知和情感行为主观指向某一具体技术人工物中，或将人类的情绪和感情转译至特定的技术人工物中，或把主观内心世界的情感内容放置于客观世界中。移情则是指将他者的情感转译至技术人工物的设计中，如使用者的情绪与感情需求需要通过某项技术人工物得到疏解或寄托，常常采用情感移情的设计方式。技术人工物的情感投射和移情的区别在于，设计者和使用者的道德想象角度有所不同，其最终目的均是将人的情感"写入"技术人工物中，满足人们在日常世界行使"善"的行为。现阶段，技术人工物的情感投射和移情方式常常运用在高技术人工物的设计中，如手术机器人、机器人保姆、无人驾驶汽车等。

其中，情感是智能技术人工物的组成部分，可以狭义地将情感化的技术人工物定义为技术人工物的道德化。人类的情感可以被特定条件下的智能关系衡量和计算，用某种特定的价值关系呈现接近人类情感，进而通过数字化的信息换算成计算机语言，以此为基础设计出具有情感的技术人工物。美国数学家库尔特·哥德尔（Kurt Gödel）认为应该严格区分心和脑的功能，无论人脑还是计算机操作原理均是处理符号的系统，人类是经过前期几代人的定义，在特定的情景和语境中解读对应符号的意义，人类将这种特定符号认为是情感。同样，计算机建立在特定的程序语言定义的范畴，主观设定某一符号进行计算。因此，人类的情感可以通过定义的方式设计至技术人工物中。同为该相关领域的学者托尼·霍尔（Tony Hoare）则认为，人脑定义情感的方式貌似和计算机定义程序的方式相似，实则有着本质区别。情感和意志类似，具有主体意识的人类本身专有的特性，无法脱离人独立存在。情感是在人与社会密切融合间发生作用，情感的计算机化模拟将消解情感内在的意义，仅仅是动作化的表征。但托尼·霍尔不否认情感化的技术人工物在社会运作中起到的积极作用，他认为虽然达不到情感层面的意义，但具有情感方面的作用。因而，情感化的技术人工物设计在现实生活实践层面，具有一定的道德规范作用。

情感投射像投影仪一样，将人类情感投射至技术人工物中，通过技术人工物放映至日常生活世界。情感投射是基于不同使用情景、文化语境和情感共鸣下的特定群体定制，不同的技术人工物使用受众决定了不同的情感基因。尤其是设计者在技术人工物设计的初期，赋予技术人工物以人类某些情感，通过不断细分情感内容和调节情感维度，运用创造性想象和跳跃性思维，对不同情感进行加工和处理，融入特定的道德价值和行为经验，设计出具有情感化价值的技术人工物，借用不同情感温度的技术人工物，融入在地人群的文化当中。以智能手机为例，传音公司在非洲占据市场的主要份额，即使性能和品牌非常好的苹果手机也难以在当地生存，原因在于非洲人种群体肤色较黑、善于闻歌起舞，传音公司解决了拍照技术和音量功能，满足了黑人群体对手机自拍和享受音乐的情感共鸣，顺理成章地打入了非洲市场。

另外，技术人工物设计的情感投射和移情是赋予其道德性的"临门一脚"。情感投射处在可以被定义为数理逻辑的阶段，即计算机应用程序下的代码植入，但尚无法做到非线性的情感投射。随着人类对技术人工物情感的社会需求日益增长，科学家与工程师对高技术人工物不断探索，可以识别用户的人脸图像和虹膜等器官，以判断使用者的身份；通过检测使用者的指定动作，来理解使用者的意图；根据个人穿戴的可移动设备，获取个人行为偏好信息；通过测量使用者的呼吸、心率、血压、温度、肌肉反应等信号，判断使用者的情感状态等，尝试性地将人类的情感投射或转移，逐渐走向真正意义上的情感化技术人工物的设计进程。

一方面，技术人工物的情感总是由"外在情感"向"内在情感"，由"简单情感"向"复杂情感"，由"低技术情感设计"向"高技术情感设计"发展。高技术人工物对于情感投射的依赖性很强。以人工智能机器为例，联结主义学派认为人工智能机器认知的基本元素不是符号而是神经元，情感认知也应该从人工智能机器的神经元入手，赋予其联想、自适应、自组织等方面的能力，辅助人工智能机器更具有情感化的技术功能。另外，控制论学派学者诺伯特·维纳（Norbert Wiener）认为，机器的控制与操作理论是在生物学和统计数学等学科基础上演变而来，机器系统的执行操作和反馈调节，决定了机器的修复能力、学习能力和自适应能力。因此，部分学者认为，智能机器可以像人类一样，经过一定时间的进化，逐渐从没有情感的机器进化为具有情感的智能技术人工物。

另一方面，情感投射和移情以主客观的价值形式"转译"至技术人工物中。心理学对于情感计算不能提供功利性、精确性和系统性的理论支持，情感的本质就是人脑对于价值关系所产生的主观反应。因此，情感计算的理论必须建立在价值理论的基础之上。价值可以被视为定义和刻画的增量，其增长变化具有可观察和可设计性。根据不同技术人工物道德化程度，可设置不同情感价值曲线，找到对应的技术功能和物理结构，运用技术部件的材料属性和程序驱动设计对应价值的技术人工物。例如，微笑服务机器人，模拟人类的皮肤，还原人类活动的真实情景，通过对人类的微笑表情动作分解，还原至微笑服务机器人程序中，给人以迷惑感的微笑。另外，英国生物学家诺贝尔医学奖获得者弗朗西斯·克里克（Francis Crick）认为，分子间自发地具有某种计算能力，DNA和RNA具有某种生物技术人工物运算的单元能力。随着生命科学和材料科学的进一步研究，情感技术和复合材料将加速智能人工物的情感化进程，以更具情感化的作用机制和物质材料，仿生出更具情景化的高技术人工物。

然而，技术人工物能否被情感投射常常受到质疑。目前存在两种截然对立的观点。首先，针对低技术人工物的情感投射存在一定的共识，人们普遍认为低技术人工物不具有常规意义上的情感投射，仅仅具有情感化的寄托或文学意义上的情感表达。稍微有所区别的是，技术哲学荷兰学派的观点认为低技术人工物具有道德意蕴，一定程度上具有道德意向性，在特定情景下同样可以发生情感投射。关于低技术人工物情感投射的讨论基本上争议不是很大，一种用"语意上行"的方式探讨，另外一种则是用"语意下行"的方式探讨，各自学派的理论出发点有所不同，在沟通探讨的范围内。但在高技术人工物的情感投射探讨方面存在本质的区别。第一种观点认为，情感属于高深莫测的特殊意识机制，人类的情感受到生理、心理、文化和社会等多重维度的供养才得以形成。高技术人工物无法通过技术功能和物理结构完成情感的投射。人类目前无法搞清楚自身情感的全部，何谈将情感投射至高技术人工物中。高技术人工物仅仅是高技术功能性的产物，无法浸染滋养成情感道德化的"类人"。而与之相左的观点则认为，情感并不是什么与众不同的事物，也没有想象中那么神秘，其作用机理可以被物质化。随着生物材料技术和生命科学的发展，不同情感的作用机理和协同机制逐渐被发现，情感的神秘面纱逐渐被揭开。目前，高技术人工物的情感投射处在很多不确定因素中，但并不意味着要放弃探索的可能性，需时刻保持对话的窗口，为不同学派的研究留有余地。

5.1.3 创造性想象与超越

创造性想象与超越是道德想象预期调节的转化器，能够引导技术人工物携带预设的道德律扮演道德执行者的角色。维贝克（P. Verbeek）将康德（Kant）美学中的创造性想象力引入道德想象中，提出生产性的先验想象力和再生性的经验想象力，借助两种创造性的想象力从审美活动逐渐进入道德领域，赋予技术人工物初步抽象的道德设计。康德认为，想象力可以把先天的感性表象综合成特定的情感，并通过某种特定的技术设计呈现或物化，用这种先验想象力融入现实生活环境中。再生性的经验想象力是在创造性的先验想象力基础上发展而来，后续想象力的演变在服从经验性的同时，可能会发生超越式的创造。后经过美国学者唐纳德·克劳福德（Donald W. Crawford）的阐释，生产性的先验想象力和再生性的经验想象力被共同归口至创造性的想象力，二者被认为不可分，属于同一种想象力。

但在具体技术人工物设计的道德想象时，表现的机能有所不同。设计者将"道德"写入技术人工物之后，交到使用者应用的过程中，与预期道德想象的问题不完全保持一致。使用者的使用情景超出设计者预期的设计情景范畴，同时也存在使用者对技术人工物的主观塑造，或是随着技术人工物在时间和空间的发展中，改变了设计者预期的道德想象。例如，设计者设计微波炉的目的是将女性从厨房中解放出来，给予女性以人文的关怀。随着微波炉在日常生活世界中广泛应用，家庭成员在厨房一起制作食物的氛围逐渐被消解，家庭集体成员行为方式被技术人工物重新塑造，人们习惯于外出买来半成品的食物，在微波炉加热后直接食用。技术人工物给人们带来方便的同时，影响了家庭成员围绕在炉灶旁的感情交流，消解了家庭共有记忆沉淀的可能性，道德"写入"的代码可能产生新的伦理问题。

然而，中西方先哲们对于技术人工物设计的创造性想象与超越均有见解。在中国哲学的范畴中，创造性想象的技术人工物设计是"制器尚象"的道德活动。"制器尚象"是中国传统造物的一种悟道、修德性的活动，用物性固化至器物中。"制器尚象"包括四个部分，即"观物取象""象形取意""形随意动"和"尚象成器"，由抽象的悟道活动转化成具象的物性环节，是由具象到意象、抽象、形象，再到具象的一种道德物化的过程。根据技术程度划分，中国传统造物更多的是低技术人工物，赋予了很强的人文与伦理意义，更多地强调人文的技术转向路径，与技术功用性驱动产生的技术人工物存在一定的区别。

首先，"观物取象"是实现"制器尚象"道德活动的先决条件。"观物取象"分为"观物"和"取象"两部分。"物"作为客观性的审美客体，关键在于"观"这个主体能动性的实践。从哪里"观"，怎样"观"，"观"什么，这一系列的问题将会围绕主体性问题展开。

"观"自古以来就有多种方法。《考工记》中有"审曲面势,以饬五材,以辨民器,谓之百工",讲究环境、时间、经验之变化,进行审时度势,按天时与地气,循材色与工技,然后观之。《周易》中有"仰则观象于天,俯则观法于地",根据方位和空间进行俯观与仰测,推演出天地之星辰,万物之意象,正所谓"夫易者,象也。爻者,效也。圣人有以仰观俯察,象天地而育群品;云行雨施,效四时以生万物"。因此,"观"不仅是一个动作式的行为,更是一种由内而外的"取物"价值观和经验观。"观"的好与坏、"对"与"否"体现出设计者的审美情趣和涵养品位,这不仅仅是一个技术性的问题,更是一种物性的意识对照。

其次,"象形取意"是"制器尚象"的核心环节,是从原型物质化层面向着意识型非物质化层面的质变过程。此处"象形取意"中的"象"指的是"物象",通过捕捉"物象"的物质层面的"形"转化成"物象"的非物质化的"意",为"制器尚象"的下一步审美活动做准备。其中,"物象"之"形"分为"形状""形态"和"形制"。"形状"是物象的物理审美造型,表现出大小、长宽、高矮、胖瘦等多种多样的形状。"取象"是由"具象"转化为"意象"的创造性设计过程。其中,"取"直观的感受是由手进行的一种行为,在道德物化活动中,"取"则是由心完成的一种活动。正所谓"心领神会",讲的正是事物的属性经过"观物"之后,内心取走"具象"带往"意象"的过程。这个过程完成的标志,便是"神会",内心得到了反馈,但其表现则是内心并没有感知到完整的形状、色彩、材质等具体的物质性元素,仅仅是一种模糊的事物轮廓、色斑、概念等,我们称这些"象"为审美活动的"意象"。

再次,"形随意动"是创造性想象的超越,实现技术人工物中物性的跃迁。《淮南子·时则训》中提到"制度阴阳,大制有六度:天为绳,地为准,春为规,夏为衡,秋为矩,冬为权",阐明了"形"与"意"的关系,遵循四季万物的变化而变化,做到自然而然。其中,"意"是非物质性审美层面的内涵要素。"意"分为"本意"和"寓意"。"本意"是指"观物取象"过程中物象的基本"形";"寓意"是指"观物取象"设计过程中物象的联想"形"。"形态"是物象的色态和材态呈现出的形态,构成了物象的存在要素,表现为色彩与材质。"尚象成器"是道德物化的外在体现,《周易·系辞》中记载:"形而上者谓之道,形而下者谓之器。"

然而,西方哲学和中国哲学所倡导的"道德想象"有着本质区别。中国哲学属于诗意文化的想象,对于技术人工物的每一个技术功能和物理结构赋予了文化性的意义,追求以物喻人、睹物移情,将"德"与"道"写入技术人工物中。其对于功能性的创造与想象更多来源于"诗意文化",讲究"生成式"的想象,认为使用的技术人工物缺少了宗法秩序和社会意义,将失去存在的价值。例如,长期以来人们对宋代座椅存在误解,认为人坐上去比较舒服,实则不然,宋代座椅的作用更多的是规范士大夫的坐姿,彰显宗法地位,与舒服感关系不是很密切。西方技术哲学则更强调技术功能化,随着近代技术现象学的发展,将技术道德化纳入考量范围,讲究"构成式"的想象。因此,中国近现代以前的技术人工物,按照现代的定义来看,属于低技术人工物的范畴,中国没有产生以科学技术为驱动的现代科学技术。而西方则在两次工业革命后,逐渐产生了现代意义上的高技术人工物,大量的多技术部件组合式的高技术人工物被创造出来,如蒸汽机、纺织机、汽车等。此处的技术人工物的高与低不是一个价值判断,仅仅是基于技术程度和效率标准来衡量。当然,这并不意味着中国古代在诗性文化与宗法文化驱动下,技术人工物的创造性想象与超越能力较差,仅仅是在现代技术道德化圈定范围内,单向度控制变量式的事实判断。

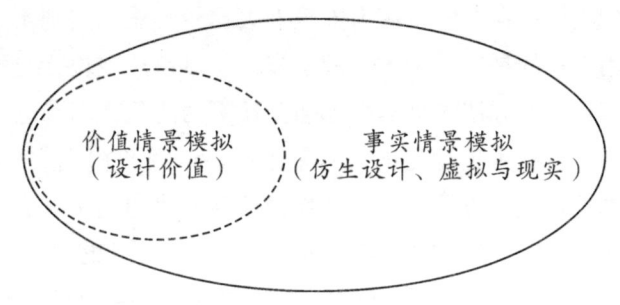

5.2 设计与使用的情景模拟

设计与使用的情景模拟是技术人工物走向"物律"的孵化器。设计出具有道德化的技术人工物需要经过情景模拟，不同情景下的技术人工物具有不同的道德约束性。情景模拟包括两大部分，即事实情景模拟和价值情景模拟，其中事实情景模拟常用的手法是仿生设计情景模拟、虚拟与现实情景模拟（见图5-3）。事实情景模拟是指技术人工物依据技术功能推导出物理结构，基于工程视角下的"功能—结构"二重性的设计方式。价值情景模拟则是基于人文视角下"意义—机构—功能"三重性的设计方式。以上两者的结合则是伦理转向视角下的情景模拟，结合了两者的优点，弥补了不同向度的鸿沟。

图5-3 设计与使用的情景模拟图

设计与使用的情景模拟是技术道德物化的重要手段，是实现道德物律的关键环节。人类从母胎到幼儿时期为了生存便进行模仿，从语言、行为和思考层面不断演进。模仿、应用、设计和创造是人类基因中与生俱来的基本功能，是在人类漫长的进化史中逐渐进化的结果。古生物学家勒鲁瓦-古兰（André Leroi-Gourhan）的生物进化相关研究成果认为，生物的进化是把物种特征，以及后天习得的特征内在化于基因之中；而人类的进化则是将肌肉特征、骨骼特征、神经系统特征以及意识形态特征逐步地外化于身体之外的技术物体之中。技术人工物在仿生情景模拟的同时，逐渐将人的道德行为物化其中，人文与社会的属性逐渐用技术的方式物化。经过使用者的使用及行为反馈，经过几轮的沉淀与彼此塑造，道德基因逐渐"写入"技术人工物的体系中。

设计与使用的情景模拟包含仿生设计的情景模拟、虚拟与现实的情景模拟、设计价值的情景模拟三部分。仿生设计的情景模拟始于低技术人工物的设计，延展至高技术人工物的设计应用中，贯穿整个技术人工物"物律"设计的生态系统。虚拟与现实的情景模拟是伴随着技术发展本身而产生的新型"物律"设计方式，多运用在高技术人工物的"物律"设计中。以上两者均属于事实情景模拟方式，基于"物准则"的设计。而设计价值的情景模拟属于意义建构层面前提式的"物律"设计范畴，是技术人工物设计伦理转向的产物。

5.2.1 仿生设计的情景模拟

仿生设计的情景模拟就是以生物为研究对象，研究生物设计系统的机构性质、能量转换和信息过程，并将其所获得的知识用于改善现有的或创造崭新的机械、机器、建筑结构和工艺过程的科学，是人类对自然生命外在形态和内在功能创造性的模仿和应用的过程。其分为机理仿生情景模拟、形态仿生情景模拟、色彩仿生情景模拟和动态仿生情景模拟，分别对应材料、造型、色彩和复合状态，实现人类日常生活中防护、防寒、医疗等基本功能需求和多维、多元、多态的物理需求与精神需求。机理仿生情景模拟、形态仿生情景模拟、色彩仿生情景模拟和动态仿生情景模拟四者之间存在层层递进关系和跳跃式递进关系。技术人工物设计者采用同级排比叙事、逐级递进叙事或跳跃式循环叙事，进行仿生情景模拟的造句阐释，将冰冷的技术人工物赋予某种生命形态，参与人类道德活动的约束行列，布局技术工具化潜在的伦理问题解决路径。机理仿生情景模拟、形态仿生情景模拟、色彩仿生情景模拟和动态仿生情景模拟四者关系如图5-4所示。

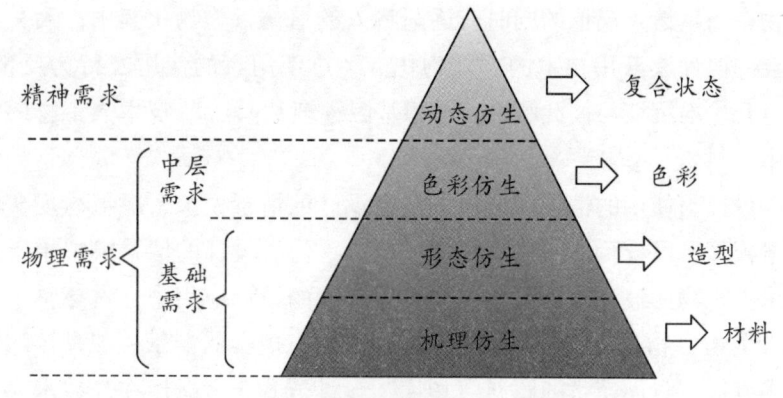

```
精神需求 ┆        动态仿生   ⇒ 复合状态
       ├中层需求┆ 色彩仿生   ⇒ 色彩
物理需求┤      ┆
       ├基础   ┆ 形态仿生   ⇒ 造型
         需求  ┆ 机理仿生   ⇒ 材料
```

图5-4　四种仿生设计的情景模拟关系图

本研究依据仿生学的基本发展规律归纳为两部分，即物理需求和精神需求。其中物理需求包括机理仿生情景模拟、形态仿生情景模拟和色彩仿生情景模拟，机理仿生情景模拟和形态仿生情景模拟用以满足技术人工物最初的材料和造型的物质框架，确保技术人工物的物化形态和使用功能。该仿生情景模拟设计方法，在弱技术人工物设计中占据主流设计思潮，并且现在仍在延续。色彩仿生情景模拟属于人类设计技术人工物的中层需求。远古时期的陶器时代之后逐渐发展出色彩仿生情景模拟，此前大都以色彩单一的陶器器型的形态仿生情景模拟和纹样的机理仿生情景模拟为主，从技术人工物的工具性出发。伴随着人类生产力的提升和生活水平的提高，更多技术人工物和更大层面的基础需求产生，色彩仿生情景模拟逐渐成为人类更高一层的物理需求，即仿生设计情景模拟关系图中的中层需求。色彩仿生情景模拟的运用，极大地丰富了人类设计和使用技术人工物的品质。人类不断从自然界、日常生活、社会关系中获取更多仿生情景模拟的经验技术，有意无意地反馈至技术人工物的设计中，塑造技术人工物的工具性和意义性，这也是整个人类进化史中重要的演进驱动力。

正如吉尔伯特·西蒙栋（Gilbert Simondon）的观点："动物的进化是将经验技艺写入基因，而人类则是外化体外技术人工物，通过技人工物的材质、功能、文化、习俗等综合体系延续人类进化的记忆，技术人工物成为中介，放大、缩小、居间和异化等作用续写着人类的技术与文明。"因此，在技术人工物和人类自身的双重塑造的过程中，更高层次的需求逐渐产生，即动态仿生情景模拟，其用于技术人工物设计过程中的复合状态，处理更为复杂的高技术人工物的设计，此时的仿生情景模拟满足人类精神需求。

1. 机理仿生情景模拟

机理仿生情景模拟是仿生情景模拟的发展基础，满足技术人工物的物理机构选择性，为技术人工物"物律"设计的情景提供了更多可能性。以3D打印服装类技术人工物为例，机理仿生的设计思想将不同的化学材料转化成具有类服装机理属性的材料，造型材料的表面组织结构、形态和纹理等传递的审美经验，为了营造自然界的视觉和触觉效果，利用技术人工物的材质机理，达到人类意识错位的感觉，给予设计者新的原材料和设计灵感。机理仿生分为仿生纤维、仿生织物和仿生复合材料，目前大量使用的是仿生复合材料。2014年秋冬伦敦时装周上，苏格兰时装品牌Pringle与材料科学家理查德·贝克特（Richard Beckett）合作，发布了采用仿生复合材料为材质的SLS系列时装。这些面料采用EOS Formiga P100系统进行打印，利用选择性激光烧结技术，将激光烧结的尼龙布形成具有规则形状的菱形机理上衣，满足身体温度的同时，减轻了服饰的质量，同时兼具审美功效，给予使用者以美好生活状态。

另外，机理仿生情景模拟极大地丰富了技术人工物的基础材料，为更多"物律"设计的情景提供了场域构建。随着经济的发展和技术的普及，机理仿生情景模拟逐渐转移到民用经济，在医学、艺术设计、家居用品、首饰、电子产品、交通工具、食品生产、工业设计等领域都有广泛的应用。其中，3D打印技术常常运用在技术人工物的机理仿生情景模拟中，该技术的原材料主要是塑料、树脂、橡胶、陶瓷、黄金、白金、银、铁、钛等。常见的3D打印材料分为光敏树脂、工程塑料、橡胶类材料、金属材料、陶瓷材料和其他，置换了强度、韧性以及柔软度等属性，在设计中实现服饰、鞋帽以及可穿戴设备的机理仿生基础等。2020年初智利Copper3D公司，采用纳米铜和聚合物作为3D打印材料，依靠纳米铜材料的机理吸附属性，过滤0.02至1微米微生物和细菌，用以制作无菌的医用防护口罩，帮助医护工作者抵御细菌和病毒的入侵。《考工记》曰："天有时，地有气，材有美，工有巧，合此四者，然后可以为良。"仿生材料的种类不断丰富，逐渐走向"材美"和"工巧"的道德化设计阶段，逐渐实现"物律"的设计治理，逐步实现"设计即治理"的统一路径。

2. 形态仿生情景模拟

形态仿生是满足物质基础之上的形态符号审美需求，以一种"美"的形式呈现出"善"的形态，促进使用者生活在更具有伦理秩序的生活世界中。大众逐渐从技术层面的功能性审美，提升到技术之上的形态符号审美，进而产生了技术人工物领域的形态仿生设计的审美需求。设计者将事物形态通过智力加工后融入技术人工物设计中，反映客观世界的思想观念。形态仿生情景模拟为使用者制造特定的伦理情景，帮助其完成设计者预定的道德行为活动，用更生动的美好形态包裹着冰冷的技术功能，进而完成技术人工物"善"的物理结构设计。

"形态"是技术人工物"物律"设计中呈现给使用者的基本样貌，形态仿生情景模拟则是将技术人工物的技术功能以一种更为"形象"的外形合理化融入使用场景中。正所谓"制器尚象"，其中"象"分为"具象"和"抽象"，分别对应具象形态仿生情景模拟和抽象形态仿生情景模拟，如图5-5所示。具象形态仿生情景模拟依据自然界中动植物的形态、造型及图案进行技术人工物的外形设计，通过一定程度的特征再现，模拟其内在的生成关系。抽象形态仿生情景模拟通过联想和创造性思维，对比、混合、分割、重复、渐变或组合技术人工物的构成要素，并经过特定的设计手法将这些抽象元素整合成具有特定功能性和设计价值意义的部件，完成技术人工物的组装和成型。2014年初，Mimo推出以iOS或Android应用系统结合英特尔Edison芯片的婴儿连体衣，芯片内置在可拆卸的绿色塑料乌龟内，用以监测婴儿的心跳、体温、呼吸频率等多项体征数据，利用手机App可实时监测婴儿的整体状况。婴儿连体衣通过青蛙的仿生形态，与幼儿的形象结合起来，营造绿色健康的环境语境，消解婴儿对陌生技术人工物的抵触感，保持其各项健康指标的稳定，行使技术人工物设计中"善"的关怀。

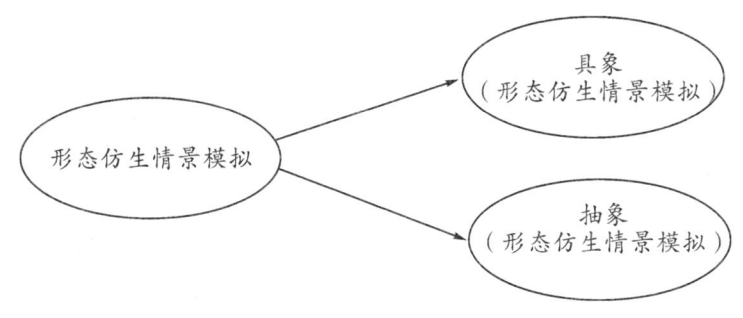

图5-5 两种形态仿生情景模拟图

3. 色彩仿生情景模拟

色彩仿生情景模拟是"物律"设计中情感表达变量，色彩的冷暖色相和色调赋予技术人工物以不同的使用情景，演绎人类不同的情感温度和道德感知。色彩仿生情景模拟是通过事物的色彩要素，刺激人类的视觉感官和心理感官，形成一种与之联动的物质需求和情感需求。其中，视觉刺激过程包含三个要素：刺激、机体和反应，刺激来自色彩属性、色彩面积、色彩形状，会引起机体产生情绪、认知、行为的反应。如图5-6所示，色彩仿生情景模拟设计的第一步，是根据设计者思想表达预期目的或户主的设计要求设定目标，选取色彩仿生对象，依据其分解、提炼出预期设计产物的色彩属性、色彩面积和色彩形状，通过头脑风暴、思想碰撞与转化，经过反复摸索、试错和反馈产生设计图稿，最终完成技术人工物的色彩仿生设计的情景模拟，完成技术人工物成品的设计。

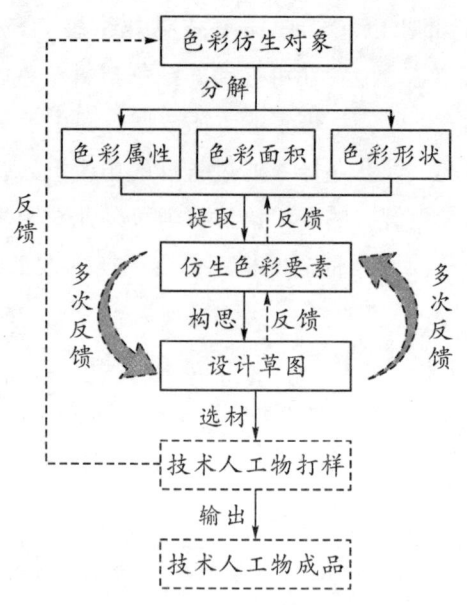

图 5-6 色彩仿生情景模拟过程示意图

一方面，色彩属性是色彩仿生情景模拟的基本语言载体，用以表达人类的情感温度和价值趋向，用计算机程序语言量化色彩情感，逐步实现高技术人工物与人类情感的共情，朝着情感化技术人工物设计的方向迈进。随着光学技术和计算机技术的发展，色彩属性得以通过光学隐形存在，转化成计算机语言的显性应用。一般采用 CMYK 和 RGB 来表示，CMYK 是反光的色彩模式属性，RGB 是发光的色彩模式属性，通常色彩仿生的输出色彩模式采用 CMYK 色彩模式。在技术人工物的数字化建模阶段，设置色彩仿生的色彩基本属性 CMYK 值，通过数位的编码解码转换，传输到设备上，呈现色彩仿生的基本光学色彩属性，完成技术人工物的色彩属性赋值。不同民族对色彩属性有着独特的爱好，经过几代人的沉淀和文化积累，形成了很多具体的色彩观，可针对不同技术人工物设计的不同文化语境，采用不同的色彩属性，以表达特定群体使用者的色彩价值。

另一方面，色彩面积和色彩形状构建了色彩仿生情景模拟的思想观。设计者通过控制色彩面积和色彩形状，赋予技术人工物本体的客观实在，映射设计者的设计理念。其中，色彩面积包括色相种类和色相区域面积。根据色彩CMYK属性选择色相。而色相区域面积则是由色彩形状来决定的，通常采用定性和定量两种方式来确定色相区域面积。色彩形状依据设计者的主观设计思想表达意图和物理结构的客观尺寸大小，通过平衡主观和客观的信息，完成仿生情景模拟色彩要素选取的过程。色彩仿生对象的三个要素之间可以相互转化和互生，不存在绝对的界限，设计者需要根据主观的思想表达，并结合客观的条件限制，进行灵动的调配，最终完成技术人工物的设计草图，交由制造商生产出该技术人工物。

4. 动态仿生情景模拟

动态仿生情景模拟是技术人工物设计过程中的顶层审美域，也是这一轮审美风潮的终结者，将开启新一轮未知审美浪潮，属于人类道德活动中的"美德"范畴，即以"美"养"德"的"物律"观，最终走向人类"美好生活"世界的状态。随着技术手段和人文关怀的提升，技术人工物设计由审美性夹带着功用性，与不同受众阶层的软性需求之间形成多重博弈，不断地产生"流行"与"非流行"，形成间性与轮回的动态迭代，最终实现审美与功用的统一，转化为"非流行"的行列进入寻常百姓家。其中，动态仿生情景模拟手法分为静态式动态仿生情景模拟、动态式动态仿生情景模拟和动静结合式动态仿生情景模拟，如图5-7所示。

图5-7 三种动态仿生情景模拟关系图

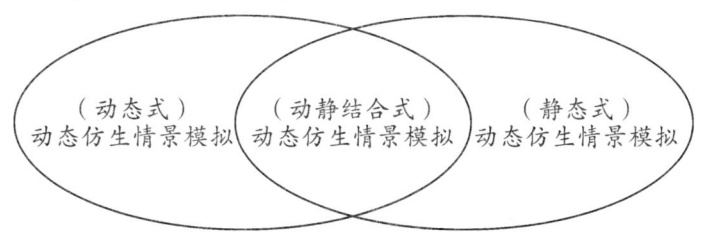

静态式动态仿生情景模拟,实现了视觉性为主导的,技术人工物为设计的大众审美需求。利用技术人工物本身造型中图形的动态势能,形成虚假动态刺激,诱发眼球自我"假想式"的动态演绎,从而引发心理反应,产生间断性的动态感受。例如,英国圣马丁学院胡乘祥(Jim Chen-Hsiang Hu)采用具有动态趋势的静态图形,将人运动的空间定格感用图形表现出来,营造一种动态化的速度感,通过3D打印的技术手段,实现了服装设计的静态式动态仿生效果,传达给观者以激情的感官情绪,还原了设计者的情感思想。

动态式动态仿生情景模拟实现了功能性为主导的审美需求欲望,丰富了"物律"设计中人类生命感官的延展性。借助多种技术人工物的组合,如聚合物、乳胶或电子元件等材料和技术,采用集合式的设计仿生手法,引发实际的物理动态效果。例如,荷兰设计师凡·东根(Van Dongen)和贝纳兹·法拉希(Behnaz Farahi)与3D Systems子公司合作,研发出了"响应式可穿戴服装",该服装由弹簧式结构组成,营造一种深海珊瑚的动态韵律,通过动态结构引发有机生命的呼吸联想。在服装中采用具备形状记忆特性的镍钛合金,进行服装仿生塑形,通过在特定温度下镍钛合金发生变形,加热到"变形温度"又会恢复原状。另外,通过装上镍钛合金弹簧和小电线,可以调节温度控制弹簧扩张或收缩,实现动态式动态仿生有机体的构建。动态式的动态仿生情景模拟是多学科与领域的协同合作结果,不断开拓技术人工物设计的边界和认知范围,以满足人们快速发展的日常审美需求,构建人类对皮肤延伸性的思考,表达设计者对技术人工物与人之间的特定生命观。

动静结合式动态仿生情景模拟源自科技与艺术的完美融合,实现了技术人工物"善"的关怀,集合了动态趋势图形、动态图形、多种材料和技术,通过基本的动态性图形、仿生色彩、功用性材质等刺激视觉神经,引发视觉动态性光学刺激,产生审美趣味和场景性感知,形成多感知的审美视域,实现了观赏性与功用性的统一。例如,伊朗的建筑师贝纳兹·法拉希（Behnaz Farahi）运用小的摄像头、图像传感器、驱动装置、微型控制器，融入3D打印的服装外形中，整个3D服装系统可以检测近距离接触到的人的基本信息，完成图像信息采集与处理，并伴随着驱动实现了图形的动态式的互动，实现了服装生命系统性社交功能，实现了可移动性智能穿戴设备。该项动静结合式仿生的3D打印服装技术不仅仅是时尚的风向标，更是未来弱势群体的保护伞，如老人和小孩可以得到很好的智能化庇护，其意义和市场前景相当广阔，能够满足不同消费群体的高品质生活需求。

因此，跨学科合作的"大设计"技术人工物，依赖于现代仿生学以及与之相关的物理、化学和电子、信息、图形微观技术与系统科学理论的支撑。现代技术人工物设计从人机工学到感性工学、从物质到非物质、从技术到艺术再到哲学的宏观纵横与穿越，尤其是现代设计的创造性思维和创新方法，给仿生设计提出了更多的课题和方向。技术人工物的仿生情景模拟设计，不仅仅是日常生活的一种审美需求，更是一种面向未来功能性的主流市场需求，可解决包括老人生活陪护、儿童日常安全活动、弱势群体协助等现实而急切的问题。因此，我们需要更加努力实现科技与艺术的"会师"，实现真正意义上的"大设计"和"善意"的设计。

5.2.2 虚拟与现实的情景模拟

虚拟与现实的情景模拟是技术人工物设计中情景预设的重要手段。虚拟现实技术打破了既有的技术物化的传统路径，改变了设计者的想象手段和构思路径，是高技术人工物"物律"设计中有效的技术方法。虚拟使用情景的搭建和测试，逐渐构建出技术人工物的雏形，在虚拟情景空间中，预设不同的使用情景满足技术人工物的测试。虚拟与现实的情景模拟是基于虚拟现实技术（Virtual Reality），常常结合计算机信息技术营造出现实中很难预见的虚拟影像，通过外置硬件设备与外界真实环境融合叠加，模拟特定的情景和观感，呈现给使用者和观看者。该技术是20世纪初发展起来的全新适用性技术，囊括计算机技术、电子信息技术、仿真技术、人工智能及行为心理技术等，通过计算机模拟虚拟环境，给人一种环境沉浸感，目前，在医疗、航天、娱乐、教育等领域广泛应用。该技术用于技术人工物的前期模拟、中期实验、后期应用等环节，以沉浸式、交互式、构想式为特点。

技术人工物在虚拟与现实情景模拟时，根据设计目的和设计意义，运用虚拟现实技术，在软件和硬件设备配合下，实现技术人工物的初步构建。在可移动穿戴设备的支持下进行初步虚拟场景的应用测试，被试者可以反馈技术人工物使用过程中的具体问题。经过成千上万次实验，完成第一阶段的虚拟现实场景模拟，筛选出技术人工物的初步设计稿。与传统型技术人工物设计不同的是，可以在虚拟场景中进行技术人工物的数据收集，免去现实生产和重复开模生产样本的时间和金钱，缩短了技术人工物产生的生命周期。尤其在技术道德化的技术人工物设计中，使用虚拟与现实的情景模拟，可更敏锐地捕捉使用者的心率、表情、行为等具有温度的反应，通过大数据的方式记录和反馈给设计者，更便捷、准确、有效。在福祉类技术人工物的设计生产过程中，存在很多使用者沟通困难和无法沟通的境遇，如婴幼儿技术人工物、老年人技术人工物，此时通过虚拟现实场景模拟的方式可更为有效地进行设计。

虚拟情景的延伸是个体自我个性的体现，是个体内部隐性身体的再现。现今的法律仍然集中在现实物理情景空间的约束内，对于虚拟情景的空间约束力较弱。当物理情景空间约束力过强时，凭借技术强大的空间拓展能力，可水到渠成地延伸至虚拟情景空间，以缓解现实空间情景的客观压力。在该空间中可缔造出许多技术人工物，与现实情景空间进行对应，模拟真实的客观存在。可预设出层层的虚拟情景，诱导众多个体畅游在虚拟情景的空间中，如虚拟游戏、虚拟货币、虚拟陵园和虚拟服装城等。技术与现实的双重塑造以倒逼式的两股力量产生博弈，重新塑造个体与技术人工物间的关系。两者彼此成为对方的延伸，隐性身体不再遮蔽，现实身体逐渐趋同，产生新的技术法则和"物律"设计形态。

科学家和工程师设计计算机的初衷与现今的用途完全不同。网络空间最初仅仅是工程师想象与设计塑造的一个存在物，而不是帮助公众进行自我塑造的道德物。但虚拟网络空间提供了一个不加限制的场所，给人们自由表达的权利。在虚拟网络空间，有别于现实空间的血缘亲情关系、美貌关系、权力关系、经济关系等，人们完全是以"数字人"的身份漫游其中，可重新塑造自己的人格和理想。虚拟空间的秩序泛滥，严重影响日常生活世界中的真实个体，使其完全沉浸在虚拟数字人的角色中。因此，虚拟空间逐渐受到法律与道德的规制。工程师对虚拟空间设计了不同级别的限制，类似日常生活世界的限制关系，设置了虚拟空间使用情景和设计情景，区隔开虚拟空间的应用级别。同时，虚拟空间情景也塑造着真实空间的使用和设计情景，逐渐出现虚实互动的交叉空间，运用虚拟空间管理真实空间的技术人工物，并在虚拟空间中模拟真实空间中技术人工物的应用情景。例如，汽车导航仪、共享单车等，将真实空间的技术人工物数字化复制到虚拟空间中，以数字化的信息设计呈现给使用者，帮助其有直观的感受。但虚拟空间的塑造同样存在弊端，人类日常的出行过度依赖虚拟空间的影像，削减了人类在现实空间的记忆功能。因而，在城市中生活，如果没有虚拟空间的帮助，失去了手机导航系统，很可能找不到目的地。

另外，虚拟情景中的自我正变得愈加透明，但虚拟情景空间的控制权变得越加模糊。虚拟情景顾名思义是虚拟无形的，有别于现实空间的情景演变。现实情景空间不受任何人或事的控制，完全无规律地发展。而虚拟情景空间是技术塑造的产物，掌握在技术制造者团体的手中，该情景空间中像有个无形的"上帝"操纵着众生。然而，受到经济利益、政治倾向、意识形态等因素的影响，技术权力控制方会出卖虚拟空间的使用者，将虚拟个体当成"商品"进行信息交易，将其数字化的运动轨迹数据销售给对应的企业或骗子。例如，网页个性化推送会根据个体过往的数字化路径将相关信息置顶至浏览器上方,引诱使用者进入技术预设的场景。虚拟情景中的个体将被技术不断地引导和塑造,个体的虚拟情景将逐渐被预设,数字化运动路径将发生潜移默化的改变,个体的隐私、金钱和名誉等存在安全隐患,此刻的个体将逐渐丧失现实情景的预设,有沦陷至技术"工具人"的可能。

因此,在虚拟情景空间中,公共实体和私人实体均具有控制网络空间中的个人自由的能力。虚拟情景的公共实体是指硬件技术人工物,私人实体是指技术权力操控者,二者掌握虚拟情景空间的钥匙,制定虚拟情景设计和使用的规则。以斯诺登事件为例,多数国民的虚拟空间信息受到政府监控的事实被披露,迫使人类反思技术权力的掌控力。一方面,公共实体在虚拟情景空间中联结现实空间,作为技术权力转译的端口技术人工物,联结现实空间的利益机体与私人个体;另一方面,私人实体通过技术预设情景,转译现实空间的利益关系,再通过技术人工物,将虚拟空间中的利益引入现实空间技术权力操纵者的手中。多个虚拟空间技术权力操纵者在虚拟空间中,凭借技术人工物的端口,形成多边关系的虚拟社会网络,滚雪球式地延展虚拟情景空间,消解现实空间的时间和空间的维度。私人个体将源源不断地被技术人工物中转、转译、重塑式地网入其中,限制其现实空间的个人自由。

5.2.3 设计价值的情景模拟

设计价值是指技术人工物设计过程中,价值主体对价值客体的意义评价、意义选择和进一步认识客体的过程。对于技术人工物设计价值的情景模拟而言,人类作为技术人工物设计价值的判断主体和意义建构者,在选择技术人工物设计价值的最优解时,一定程度上是对自身认识的体现,如何首选价值设计具有很强的主观性。因此,扩大设计者的行动者序列,一定程度上可以保持客观性,或者将设计价值的模拟对象转移至使用主体中,从社会学抽样的视角随机取样作为价值设计的参照,一定程度上可消解价值判断的主观性。

其中，技术人工物的设计价值是衡量其产生的基础。技术人工物设计价值导向决定着其使用价值和伦理意向，来自真实的设计需求和伦理价值取向。设计价值是由设计者选择价值设计，并赋予技术人工物中。设计价值与伦理秩序间存在三种情景：第一种情景是设计者处理适用规则和规范的时候可能出现的伦理问题，或解决存在伦理冲突的对象；第二种情景是对前期其他设计者设计的技术人工物提出质疑，并改良或再设计；第三种情景是设计改变我们现有道德观念的技术人工物，以规范日常生活世界的秩序。这三种情景提供了设计价值的基础，为仿生设计的情景模拟、虚拟与现实的情景模拟提供了开展的前提。设计价值的模拟属于前提意义的选择，刻画出不同技术人工物设计前期、中期和后期可能产生的价值情景，维系人类创造出的诸多存在的秩序。

在情景模拟的语境中，技术人工物的设计价值被定义为将现有情景变为首选情景的过程，在设计过程中需要甄别真实的设计需求。日常生活世界充满着错综复杂的情景，在时间和空间的编织中异常琐碎、捉摸不定，人类生活在无数的情景织罗的网络当中，对于不同情景抵达终点的路径存在多条，人们不断通过技术手段抵达终点，运用技术物化的方式消解复杂情景的路径，选择最优的通向需求的首选情景路径。设计价值的情景模拟选择首选的过程，需要对诸多模拟情景进行排序，运用仿生设计的情景模拟方式、虚拟与现实的情景模拟方式，初步完成设计价值排序。当然，设计价值排序必然要进行价值判断。价值判断的标准往往很难统一，相对价值判断而言，事实判断则具有一定的标准，设计价值的情景模拟常常参考事实判断的结果，在此基础上对不同的价值话语进行对照，根据真实的设计需求，在允许的价值区间内进行选择。事实判断往往伴随着价值判断，很难切割开来单独存在。美国当代著名哲学家希拉里·普特南（Hilary Putnam）在其著作《理性、真理与历史》中提到，用以判断什么是事实的唯一标准就是什么能合理地加以接受，事实判断的标准是基于规定的真理形式，但是产生这个标准的内容和判断来自无数价值判断的积累，最终确定了客观标准。因此，设计价值的判断离不开设计情景与物理结构，对技术人工物的物理结构的事实判断，同样具有设计价值作用，事实与价值互相渗透。

因此，设计价值的情景模拟是建立在真实的设计需求的基础之上。价值概念是泛化的存在，任何事物均有其价值，但不是所有技术人工物均有设计价值。人类的生存时间和空间是有限的，无法耗尽在无限的价值中，需要有主次地甄别人类生活世界中真实的设计需求，发挥其特定空间和时间内的有限设计价值。因而，从价值到设计价值的提炼尤为迫切。本研究根据拉图尔"人工物社会"思想和真实的设计价值归纳出四个设计价值提炼过程，即多层需求过滤、需求赋值与排序、使用者分级和综合情景反馈，如图5-8所示。

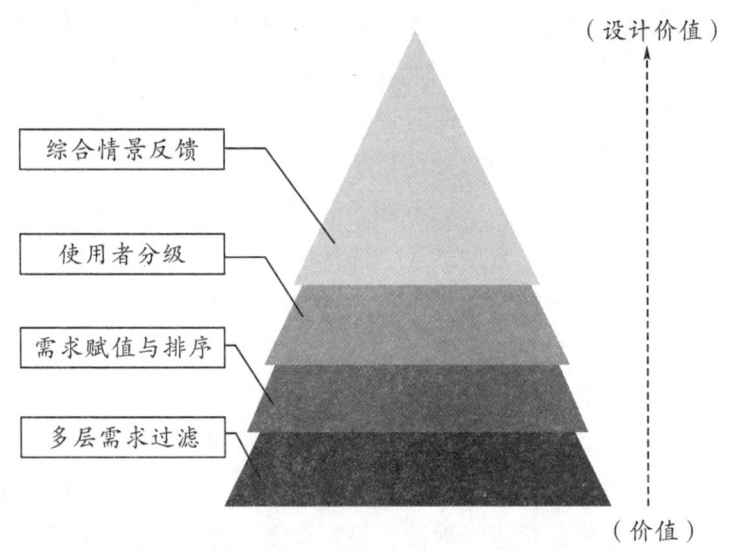

图5-8 设计价值提炼过程示意图

多层需求过滤是设计情景和使用情景要素中的重要环节。通过社会调查、消费报告、在地文化等过滤和筛选，提炼出符合当下的设计需求，过滤出缺乏现实情景的需求、不同时效的需求、不同时间内完成的需求等，分门别类地归纳与整理，用树状的脑图可视化，筛掉与日常生活不符的情景需求或无法完成的情景需求，并在此基础上再进行深层次的需求筛选。通过技术人工物的设计，完成首选情景的物化和功能化。

需求赋值与排序则是价值判断的过程，往往需要结合技术人工物的物理结构要素进行。设计价值模拟允许过程的实践自由，具有很强的开放性。需求排序是在需求筛选的基础上，完成价值赋值的过程，依据赋值的高低进行排序。然而，设计价值随着真实的设计需求变化而变化，赋值的标准不具有统一性。常见的做法是采用市场需求导向，作为常规技术人工物的赋值标准，用市场既有的价值取向指导需求赋值与排序。但往往市场导向的价值排序与道德价值具有一定的距离，单向度地依托市场价值而不考虑道德价值，会产生严重的社会伦理问题。鉴于此，将技术人工物的使用价值和道德价值作为赋值的原则依据，道德价值依附性强、技术程度较高的技术人工物，采用道德价值导向赋值；使用价值依附性较强、技术程度较低的技术人工物，采用市场导向赋值；界于两者之间的技术人工物，采用两种价值兼备的导向赋值，具体实践时结合使用者分级和综合情景反馈评估的方式动态调节。然后，依据需求赋值进行排序，对技术人工物进行设计价值的情景模拟。

使用者分级是对技术人工物使用者层面的考察。一方面，针对技术人工物的设计情景针对性地细分，根据不同的使用情景进行使用价值设计。例如，贫富环境不同的地方，手机用户的需求不同，不同肤色人种用户拍照的曝光度存在客观的差异，非洲主流手机的白平衡系数普遍高于其他地区，对于该群体设计价值的模拟应考虑群体使用价值。另一方面，针对技术人工物的设计情景进行文化价值设计，市场价值导向往往绑定文化习惯的养成，两种价值设计导向某种程度上是重合的。以阿拉伯国家和地区为例，受宗教信仰的影响，该地区技术人工物采用的颜色以黑白居多，如全球化品牌星巴克在该地区的产品包装、品牌色彩、店面装饰等系列技术人工物，均不采用企业标准绿色系，而选择当地文化黑白色系的搭配，延伸色系取代了企业标准色系。因此，使用者分级是在去中心化思维模式下，点对点地设计价值情景模拟，针对性地赋予技术人工物不同程度的价值。

综合情景反馈建立在价值模糊判定的情景中，针对复杂技术人工物的设计价值赋值。设计价值的情景模拟往往处在价值判断的模糊性，经过多层需求过滤、需求赋值与排序和使用者分级的情景模拟过程之后，遗留下来的需要综合情景反馈技术价值。此时的设计价值往往不是简单的技术结构或物理功能的设计价值，转化为人类赖以生存的价值信仰、价值基础和多元价值观的多重博弈。价值本身的摇摆不定状态，打乱了既有的价值排序，出现技术人工物价值设计排序的紊乱，戏剧般地制造出错乱的使用情景，事实判断与价值判断混在一起，剪不断理还乱。

例如，无人驾驶汽车设计中有一个让人困扰的价值情景模拟问题。当无人驾驶公共汽车行驶在城市间道路上时，对面驶来一辆疾驰失控的汽车，而无人驾驶汽车的左侧是戴着安全帽的骑手，右侧是很多行人在行走。此时，无人驾驶公共汽车该如何抉择？是选择与对面的汽车相撞，是朝向右侧的行人，还是转向左侧戴有安全帽的骑手？当出现这种情景时，本着最少牺牲的原则，多数人会选择转向两侧，而左侧骑手戴有安全帽，牺牲相对较小，右侧的行人没有佩戴安全护具，处于劣势，因此，多数人最终会选择转向左侧戴有安全帽的骑手，保全对面行驶的汽车和右侧的行人。但这不仅仅是一道事实判断题，依靠牺牲大小排序进行选择，掺杂着更深层次的价值判断。伦理学家注意到，左侧骑手戴有安全帽时，"安全帽"在此情景中被异化，"安全帽"的意向变得不再安全，这种价值选择的背后，暗含着骑车的人们不戴安全帽的正确性，这显然与该情景所要映射的价值判断不符。

技术科学家仍然以单一事实判断尝试解决这一问题，选择同样价值观的技术决定论的方式。技术科学家将全球因车祸产生的死亡率写入无人驾驶汽车程序中,让无人驾驶汽车自己做出判断,人类的主观价值不参与技术人工物设计的价值排序,保持使用技术服务优势的同时,选择性地保留某些既定伦理问题的方式来处理。看起来这一问题得到了最优的解决,但却忽略了前提的不确定性。全球因车祸产生死亡的统计口径是基于社会价值判断的,无法准确地获取。车祸死亡的因素很多,技术因素导致的车祸死亡判定很复杂,庞大的车祸死亡率数据无法对应局部的问题。因此,需要综合多种情景反馈,重新设计技术人工物的技术功能和物理结构,并赋予其合理的设计价值。

5.3 技术人工物的道德调节设计

技术人工物的道德"写入"如同电影脚本撰写,设计者预先论证其具有伦理意向性之后,运用道德想象的能力,在大脑中进行剧情放映,检测每个剧情中道德"写入"的不确定性,并修改完善道德"写入"的剧情。技术人工物的"物律"设计是典型的道德过程。设计者选择解决哪些问题,为什么将这些规范设计至技术人工物中,不仅要考虑个人的选择偏好,还要从根本上考虑道德价值立场。在激进的设计中,几乎没有任何设计原则,设计者还要面对价值冲突,权衡如何在两个同等价值的技术人工物之间做选择。因此,不同维度的道德调节设计存在不同程度的道德倾向。

本研究将技术人工物具体设计阶段的道德调节设计方式分为三种,即强制式调节设计、引诱式调节设计和劝导式调节设计(见图5-9)。此三种调节设计存在一定程度上的差异。强制式调节设计的使用场景属于绝对命令的道德律范畴,通过技术人工物调节人类道德活动轨迹,缓解人类的日常冲突行为,保障个体和群体的生命安全。引诱式调节设计属于中性的道德调节设计,缓解人类日常生活世界的秩序,将设计者的道德判断和道德标准赋予技术人工物的技术功能和物理结构中,但同时给予使用者自主选择是否使用该技术人工物的权利。劝导式调节设计同样基于设计者的道德判断和道德标准。不同的是，此处的设计者的道德判断与行为标准，经过社会评估和众多设计者的评价而来，具有一定的广泛性和普适性。劝导式调节设计偏向道德意蕴的维度，不再是简单的中性立场，更多地体现了社会共识性道德标准，期望使用者遵循道德规范，意味着使用者拥有一定的自主选择权。

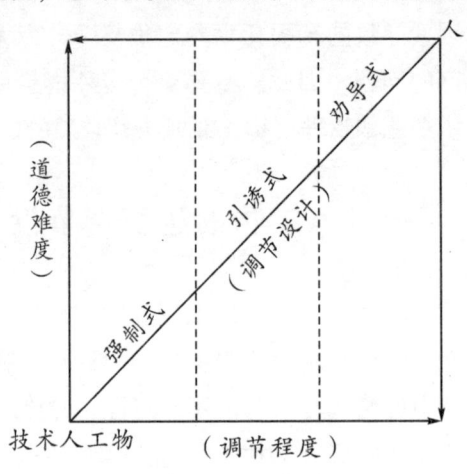

图 5-9　技术人工物调节设计模型

5.3.1　强制式调节设计

强制式调节设计是指技术人工物会强迫人们以某种方式行动的调节设计。强制性调节设计在技术人工物的物理结构层面，表现更多的是物质框架基础，依靠物质材料本身的属性和功能，赋予技术人工物道德意蕴，"授权"此技术人工物行使道德主体的权利，作为"非人"的行动者规范人类的道德行为。使用者通过解读技术人工物的使用情景和物理结构，完成设计者想象的设计情景。在这个过程中，经过多次技术人工物的技术评估，确保使用者能够正确解读设计者的设计意图，完成技术人工物道德"写入"的全过程。

强制性调节设计具有极强的道德规范作用，某种程度上没有经过法律审判的环节，直接通过"物律"的形式，预先"授权"技术人工物惩罚违背道德设计的个体。其前提是默认使用者熟知该技术人工物的道德"写入"规范，常常运用在共识性极强的公共空间。对于不了解该技术人工物的使用者，具有一定程度上的不公平。以红绿灯、斑马线等技术人工物为例，城市空间中红绿灯具有强制式的调节行为，如果车辆或行人不遵守红绿灯的规则，万一出现交通事故，后果不堪设想。又如学校道路附近的减速带，为了防止驾驶员经过学校道路时车速过快，车辆经过减速带时，强制性将其速度减慢，以保障学校周围学生的生命安全。长此以往，驾驶员会在有减速带的行驶环境中提前减速，以防止减速带对车轮造成损耗。减速带在某种程度上塑造着驾驶员的驾驶行为，也影响着公众对减速带伦理呵护的等价认知。

强制性调节设计一定程度上，将技术权力转移并固化至技术人工物中。与人类作为技术治理的权力主体相比，将道德规范"写入"技术人工物的物质框架内，更容易做到客观与公正。人类作为社会公共事务评判的主事人，往往会受到情感、金钱、利益等相关因素的干扰，技术人工物作为裁判将杜绝很多因素的影响。当然，现阶段技术人工物作为道德的审判者还处在初级阶段，对于明确的违法违纪行为具有明确的效果。例如足球运动中，常常借助高速摄像机进行运动员活动抓取，对于模糊的纠纷，高速摄像机可以做出强制性的作证，缓解了裁判员与球迷、运动员间不必要的误会。

但与此同时，强制性调节设计一定程度上也会消解人类的情感温度。强制性调节属于命令式的道德植入，将一切人的情感因素排除在外，用纯粹的道德标准介入日常生活世界的事件当中，公平、正义地"物化"解决客观问题的同时，也制造了新的问题。道德温度来得如此"硬核"，深深地触及了人性的深处，常常会引起感性争议派的反思——这种强制性调节设计产生的技术人工物的意义在哪里？是否完成道德活动或正义评判之后，失去了人性善意的光辉？正如一场足球比赛最激烈刺激时，运动员间的摩擦用高速摄影机作为评判标准，延迟了人类参与和感受足球带来的热情，球场的观众不敢在进球或运球产生摩擦时高声欢呼，生怕欢呼宣泄之后，高速摄影机这位"裁判员"诠释的是另一种截然相反的结果。试问这种强制性调节能否平衡意义性与公正性之间的关系？这也是值得我们深思的一个问题。强制性调节设计的技术人工物需要评估其场景的阶段适用性，衡量其设计的意义和目的。

5.3.2 引诱式调节设计

引诱式调节设计是指技术人工物能够诱导使用者采取某种行为活动。"引诱"顾名思义是在社会道德律的共识基础上，完成一定的诱导性工作，帮助使用者进行某项目的性的活动。引诱式调节设计的方法多元，常见的有情景沉浸、助推、情感投射、移情、情感捕捉等方法，根据具体的使用情景和物理结构进行设计。弱技术人工物的引诱式调节设计常常在物理结构层面进行入手，根据技术人工物部件的材料属性和形状造型进行一定的诱导，如夜间反光导视牌、后视镜等。而强技术人工物的引诱式调节设计往往是架构层面的设计，以虚拟技术结构居多，常常伴随计算机信息技术植入至强技术人工物中，如弱势群体陪伴机器人、手术机器人等，将根据使用者的即时情景诱导性地进行服务。

其中，"助推"是技术人工物设计中引诱式调节设计的常用方法。该方法由理查德·塞勒（Richard H. Thaler）和卡斯·桑斯坦（Cass R. Sunstein）尝试运用选择架构（choice architecture）的要素，引导使用者的行为朝向可预期的方向改变，助推人们的健康、财富与幸福的决策行为。助推属于引诱式中改变行为的设计方式，通过设计技术人工物塑造使用者的知觉和行为、体验和存在。其与维贝克（P. Verbeek）的技术中介理论有着共通之处，设计者在有意或无意的设计目的下，将技术人工物作为道德的中介物，一定程度上改变着使用者行为和认知。助推主要依靠使用者的认知维度的知觉系统和理性系统、情绪、意志力和行为方式，减少使用者在决策过程中对个人直觉的依赖，理性分析行动的后果，避免不切实际的乐观，规避错误的社会影响等，利用人的情绪和从众心理来达成特定的目的。

引诱式调节设计采用情感共振式的方式，逐步引导使用者的情感共鸣，遵照设计者的预想设计情景产生活动行为。人类的情感是复杂的，现阶段人类无法完全掌握其产生机制。其中，"数理情感学"认为情感的本质是价值或利益，情感是"人脑对于价值关系的主观反应"。可通过诱导人性深处的情感价值，与技术人工物的使用价值达到某种程度的统一，实现技术人工物的诱导作用。随着技术人工物的智能程度提高，引诱式调节设计的情感价值，由外在情感价值转向内在情感价值，由简单的情感价值转向复杂的情感价值，逐渐由外化的情感转向内在的情感。

然而，引诱式调节设计的诱因提取标准存在一定的争议。设计者在采用引诱式调节设计技术人工物时，首先要了解大多数使用者的情感共鸣点，将其植入至技术人工物中。但诱因的统一标准比较困难，存在多个诱导因素或不同程度的诱导行为。此时，需要根据诱导因素的程度层级、数量和转译程度等进行取舍。将情感共鸣转译为可植入式的设计语言，需要结合诱因的物理结构和使用情景，根据多个诱导因素和诱导程度，分摊至技术人工物的每个"部件"中，如设计情景的设置、材料属性、造型符号等，并结合情感价值和道德共识评估转译的程度，进行技术人工物引诱式调节设计的诱因植入。

引诱式调节设计不一定是宏大的技术人工物装置，也有可能是来自人性深处的诱惑所凝聚的符号，用一种技术含量极低的技术人工物规范人类的道德行为。例如，公共厕所男性小便池内苍蝇贴的设计，可防止男性小便时尿液溅在小便池外面，影响厕所公共卫生环境。设计者结合厕所小便池的使用情景，设计出小便池苍蝇贴放置在男性小便池底部，引诱男性的攻击性心理，使其小便时尿液瞄准苍蝇贴，从而改善尿液外溅的问题。小便池苍蝇贴与常规性道德律宣传标语"向前一小步，文明一大步"配合则更有效用。

引诱式调节设计从法理本性上看是否构成一定的欺骗性？在弱技术人工物的层面，引诱式调节设计仅仅是一种情感上的显现，使用者拥有很大程度的选择权。使用者拥有足够的智商辨别弱技术人工物的设计意图，往往是温馨的情感共鸣，尚不构成法理上的欺骗。在强技术人工物的层面，引诱式调节设计现阶段尚未达到人性智能欺骗的程度，无法上升至自然人层面的欺骗行为。以智能机器人为例，智能陪伴机器人可以进行病人陪护、聊天，但是无法对病人撒谎，引诱病人不当地乐观或悲伤，遇到这种情景更多是以幽默的方式反馈给陪伴者，其原因在于高技术人工物无法具有像人类一样的思维，对于细腻的情感反馈无法既保证诚实又不侵犯陪伴者的隐私。

　　另外，引诱式调节设计在特定预设的使用情景中也存在一定的诱惑性。"引诱"一词是一种形象的说法，很大程度上不具备日常生活中的诱骗行为，更多的是对技术人工物拟人化的向往和期许，是一种中性的设计表述方式。当然，中性的词汇意味着在不同的使用语境产生不同的效果，成为一把调节设计的双刃剑。例如，不法分子利用该设计方式，设计钓鱼网站等虚拟技术人工物，实施诈骗等行为。当然，该行为与诱导式调节设计没有必然联系，工具性的手段不能成为犯罪的必然路径。该行为应该归为人的道德行为规范，不能因噎废食，不应该因为技术的进步而全然责怪技术引发不道德行为。需要理性、客观地看待引诱式调节设计的积极作用。

5.3.3　劝导式调节设计

　　劝导式调节设计是通过技术人工物有意地改变人类的态度或行为的交互设计，用一种劝说、引导的方式完成某项道德活动。该调节设计方式属于"道德物化"实践阶段的重要方式之一，被维贝克纳入"道德物化"的技术调节中。劝导式调节设计与福戈的"劝导技术"设计、弗里德曼的"价值敏感性设计"、泰勒和桑斯坦的"助推"实践理论的核心思想有着异曲同工之妙，与"道德物化"的核心宗旨相通。常见的劝导式调节设计应用在车站、机场、商场等公众场所，起到文明劝导员代理人的作用，用一种关爱社会大众的方式，调剂人类日常生活世界中的道德行为，约束人们在公共空间中的日常行为秩序。

根据技术人工物所处的使用情景和道德规范程度，劝导式调节设计程度存在不同的差异性。低技术人工物对劝导式调节设计的要求相对较低，其与诱导式调节设计的手法有着异曲同工之妙，但目的性和诱导程度有所差异，赋予技术人工物的道德规范有所区别。往往共识性、确定性的道德律采用劝导式调节设计，非共识性或个性化的道德规范采用引诱式调节设计。高技术人工物对劝导式调节设计要求较高，一般需要内嵌式的道德"插件"。"劝导"的内容用程序定义的方式，运用数理逻辑、材料物质和信息技术等，"写入"至高技术人工物中。例如，商场的消防联动装置，当发生火灾时该技术人工物可以根据防范等级，及时识别并锁定事发区域，联动报警和应急消防装置，消除事发现场，控制局面。

劝导式调节设计是一种偏向积极性的道德约束设计。劝导式调节设计的劝说道德标准具有社会共识性，根据劝说的程度从宽泛到具体、从宏观到微观，常见的类型有美德式的劝导、道德律的劝导、法律式的劝导等。其宗旨是通过技术人工物传递道德规范，用"物准则"的既有功能性约束人的日常行为，用物的客观在场性属性及时"劝说"或制止人类的不良活动，弥补"法律"的滞后性和"自律"的弱执行性，具有功在当下的约束性特点。例如，公路上的减速带具有一定的减速作用，根据不同的周遭环境设置了不同阻力的减速带，对急速行驶的车辆具有及时的减速作用，可避免造成交通事故，保障使用者的生命安全。

另外，使用者面对劝导式调节设计的技术人工物时，具有一定的自由选择权。使用者与技术人工物共同充当道德行动者，可以选择执行此种道德规范，也可以拒绝执行此种规范，针对具体的使用情景做出相应的行为活动。日常生活世界中的使用情景复杂多变，影响行动者对技术人工物操作的行为不存在绝对的、强制性的道德律，技术人工物给予使用者以相对的"道德"续写的空间，这也是道德"写入"技术人工物的一种非稳态的延展方式。例如，当汽车方向盘前方的燃油表显示油量过低时，油表盘会解释发动机油箱内的燃油状况，通过油表盘的界面和嘀嘀警告声说服驾驶员进行加油行为，以保障驾驶员的生命安全。但当遇到特定的情境时，驾驶员也可以选择不听从油表盘信息的劝导，继续行驶。因此，使用者具有相对的技术选择自由。

5.4 "物律"案例诠释：保姆机器人

保姆机器人（Babysitter robot）属于高技术人工物的范畴，它是家政服务机器人情感化升级的一种，是指以"保姆"的角色在家庭中承担相应职责的技术人工物，可进行打扫卫生、洗衣、做饭、照顾老人、陪伴孩童学习等行为。保姆机器人分为两种：一种为劳动型保姆机器人，以体力劳动解放家庭成员；另外一种为情感陪伴型保姆机器人，照顾家庭中老、弱、病、残、孕等成员，起到情感陪伴和情感疏导等作用。机器人属于技术程度密集、设计行动者密集的高技术的聚合人工物。自 1954 年诞生第一台机器人以来，机器人经历了第一代程序控制机器人、第二代自适应机器人和第三代智能机器人，逐渐由机器向人转变，逐渐具备人的外形、智慧、灵活程度和情感。保姆机器人属于第三代智能机器人的范畴，逐渐走向情感化的"物律"设计，产生的复杂问题也相应显现。

保姆机器人的市场需求和经济附加值日渐增加。根据联合国人口司发布的《世界人口展望（2019）》，全球老龄化趋势日渐严峻，其中我国 2018 年 60 岁及以上老年人口达到 2.49 亿人，占全国总人口的 17.9%，已经进入老龄化社会，养老问题成为迫切难题，保姆和家政服务人员市场缺口极大。2016 年 6 月，工业和信息化部、国家发展改革委、财政部联合印发了《机器人产业发展规划（2016—2020 年）》，将机器人分为工业机器人领域和服务机器人领域,并逐步推动家庭服务机器人商品化。因而,保姆机器人的"物律"设计显得尤为迫切,是时代赋予的新命题。

5.4.1 创造性的道德想象

创造性的道德想象是基于现实情景的映射,人类凭借技术的可塑性和创造性,设计出满足现状发展的技术人工物,以缓解人类生存的困境。保姆机器人便是人类基于机器拟人化想象和技术塑造双重作用下的产物。生活世界需要更高效的保姆机器人照顾老人、孩童,帮助人类打扫家务,从事技术功能定义下的工作,同时人类渴望保姆机器人兼顾情感化的照料。设计者通过道德敏感性捕捉与识别、情感投射与移情等方式,筛选出保姆机器人主要的技术功能、使用者需求和设计价值,将其量化为可操作和可执行的"物律"设计,将想象变成现实。保姆机器人道德想象的设计经历了三个阶段,如图 5-10 所示。

图 5-10 保姆机器人创造性道德想象的三个阶段

第一阶段:功能性想象阶段。保姆机器人功能性想象阶段属于低技术人工物设计的范畴,主要满足功能性保姆角色的扮演。该阶段的保姆机器人,功能性和实用性较为简单,满足家庭基本的保洁、提醒服务等功能。2008 年德国工程师克里斯托弗·帕尔利茨(Christopher Parlitz)等人参与研发代号为 Care-O-Bot3 的保姆机器人,通过初步模仿人的外形,结合吸尘器的功能,设计出了该款保姆机器人,其由一只手臂和三根手指组成。使用者可以通过胸前的触摸屏幕或语音进行命令，实现地板清洁、送餐等服务功能。这款保姆机器人在机器的基础上逐步实现了"机器人"的雏形。

第二阶段：智能化想象阶段。该阶段保姆机器人的"物律"设计结合更先进的技术组件，如视觉传感器、听觉传感器等，获取操作环境和操作对象，通过内置计算能力，配合保姆机器人的技术功能性发挥作用，更精准化地服务使用者。2018年瑞典设计师伊夫·贝哈尔（Yves Béhar）设计了一款名叫Snoo的婴儿保姆机器人，它通过模仿父母的气息、摇晃摇篮的节奏，加上摇篮曲音乐的配合，安抚吵闹的婴儿入睡，让父母也可以有个安稳的睡眠。情感化的智能逐渐萌发，为下一阶段的想象与设计开启了大门。

第三阶段：情感化想象阶段。该阶段突出了机器人保姆与人类之间的道德调节关系，不再满足于基础的功能性服务，渴望获得情感化的关怀。技术发展的每一阶段，伴随着设计者预设的智能想象和现实需求，在老龄化加速的社会形态下，需要大量的保姆或义工从事情感化的技术工作。情感化的保姆机器人正是在设计者一步步的道德想象与设计以及使用者真实需求反馈的双重作用机制下产生的。

因此，创造性的道德想象带动技术人工物的道德调节，以此为中介展开技术道德化的"物律"设计。设计者通过对保姆机器人与人之间的道德调节，引入"物"与"道德"的聚合，调节产生新的技术人工物，并以此作为道德中介，影响人类日常生活世界，强制、劝导或引诱"人"与"非人"，调节使用者的道德选择和行为进入"善"的选择范围，逐渐走向"人"与"非人"同在行动者网络社会，用物性的"善"影响和塑造人性的道德，进而达到"善"的"物律"秩序。

5.4.2 情感化的交互设计

情感化的交互设计是实现保姆机器人"道德化"的重要调节手段。将"物化"的保姆赋予情感身份，是保姆机器人走入日常生活世界的真实想象。情感化的交互设计是情感模拟的产物，通过机器界面与人类发生解释学关系，利用仿生设计的情景模拟、虚拟与现实的情景模拟和设计价值的情景模拟，进行使用情景间的互动。保姆机器人情感化的交互设计表现在三个方面。

第一，保姆机器人形态仿生设计。保姆机器人交互界面的形态仿生设计是基于技术道德化的考量。一方面，拉近人与保姆机器人之间的关系，缓解技术化的机器的陌生感，满足技术功能的同时，增加保姆角色的情感化使用情景；另一方面，情感化形态设计的交互界面起到了劝导式调节作用，方便使用者与保姆机器人进行互动，以具象的人物关系带动交流气氛。保姆机器人逐渐成为敬老院和医疗中心的贴心助手，老人通过语音或触摸控制对保姆机器人进行命令，可以进行简单护理功能如送药、辅助老人运动等，简单家务功能如保洁、做饭等，陪护交流功能如陪看新闻、聊天、听音乐等。例如，2016年5月24日杭州市社会福利中心迎来了5名保姆机器人（见图5-11），为福利中心的老人提供智能看护、亲情互动、远程医疗等多项智慧养老功能，深受老人们喜爱。

图5-11 杭州市社会福利中心保姆机器人

第二，保姆机器人动态仿生设计。保姆机器人动态仿生设计是实现与用户间情感化的内在基础，以动态仿生的外在形态满足使用者的情感需求，进行人机互动的道德调节。保姆机器人动态仿生设计表现在交互界面、人机交互和情感投射三个方面。交互界面的动态仿生基于保姆机器人的信息收集及处理，运用语音对话、环境温度、动作行为等方式，设计至保姆机器人的芯片中，在特定的指令下启动不同界面菜单内的指令，模拟人与保姆间沟通交流的场景。人机交互的动态仿生以保姆机器人的动作、微表情、语音语调为主，强化保姆机器人生活化的情感意识，营造美好的生活趣味。情感投射的动态仿生属于人工智能的深度学习范畴，通过对人的真实情感进行动作和行为分解，以程序自定义的方式，设定哪些行为代表高兴、伤心、幽默等不同情感。现阶段，保姆机器人情感化的交互设计处于低级阶段，人类对于自身情感化的认知还未成型，许多情感无法量化为程序代码，高水平情感化的保姆机器人仍然是许多工程师追逐的梦想。

第三，虚拟与现实的情感交互情景。保姆机器人设计初期，设计者通过虚拟技术模拟其工作场景和行为路径，结合预设的真实场景进行行为测试，确保保姆机器人在预设的使用情景中工作，尤其是保姆机器人使用危险工具如刀具、餐具等锋利易碎物品时，减小不稳定因素的发生概率，确保使用者的生命安全。另外，虚拟与现实的情感交互场景是"转译"过程的试验场，不同程度的道德调节设计由虚拟"转译"至现实保姆机器人运用中，其道德约束程度存在不同程度的差异。设计者依据不同的虚实交互场景，针对性地选择强制、劝说或引诱的道德调节设计，满足使用者对保姆机器人不同阶段的功能需求。

5.4.3 "物律"式的生活调节

人类属于情感型的物种，凭借技术产生的绝对公正利己的行为，反而让人望而生畏，始终无法消解与技术人工物的距离感。保姆机器人一定程度上可以替代人类的思维能力，调节人类日常生活方式，但无法取代人类生活的意义和情感价值。保姆机器人带给人类方便的同时，产生了积极和消极的双重问题。具体表现在以下几个方面。

第一，保姆机器人发展还未成熟，市场供需关系紧张。人们已经习惯了技术化的生活方式，无法"戒掉"技术带来的便利，只会在技术发展的道路上越走越远。保姆机器人正是这条路径上"紧俏"的技术人工物，但由于现阶段保姆机器人的价格较高，仍然属于技术中的奢侈品。保姆机器人技术程度也还不稳定。但这仅仅是时间的问题，随着时间的推移，保姆机器人会由现今的"奢侈品"，逐渐变得同吸尘器、电话或冰箱一样，成为每个家庭的必需品。

第二，保姆机器人会挤压家政从业人员的工作机会，引发新的社会性问题。保姆机器人引发了家政从业者的担忧，认为会影响自身的就业机会，但大多数婴儿的父母更愿意选择自然人保姆看护自己的孩子，即使保姆机器人的技术安全达到了标准，家长们仍然担心保姆机器人存在潜在危险性，无法完全信任保姆机器人。诚然，类似保姆机器人的技术人工物可以补充人类的关怀，但无法取代人类间的情感；可以增强老人与孩子间的情感价值感，弥合家人与亲人间的关系，但无法取代家人间的真实情感。

第三，保姆机器人过度或不稳定的技术调节，对人类生命存在潜在的危险性。艾萨克·阿西莫夫（Isaac Asimov）针对机器人提出了三定律：第一，机器人不可以伤害人，或者因为不作为让任何人受到伤害；第二，机器人必须遵从人的指令，除非该指令与第一定律冲突；第三，机器人必须保护它自己的生存，条件是那样做不和第一、第二定律冲突。然而，技术本身存在很多不确定性因素，人为的技术设计无法杜绝技术引发的伦理问题。保姆机器人作为生活"物律"的调节物，承担着社会发展形态赋予的功能性使命，同时需要兼具人类情感寄托的属性，这对"技术道德化"提出了苛刻的要求。然而，技术总是在矛盾问题和使用价值的双重驱动下发展，需要前瞻性的技术设计方式，以消解技术引发的潜在隐患，为新技术人工物构建和谐的使用环境，为人类的美好生活提供福祉。

5.5　本章小结

本章结合前两章技术人工物设计伦理的"去中心化"语境和"技术道德化"的基础，推导出"物律"的技术设计形态。技术人工物的设计伦理逐渐从"自律""他律"走向"物律"本身，设计者通过不同程度的道德调节设计方法，逐步实现技术人工物的道德调节。本研究认为，设计者通过道德敏感性捕捉与识别、情感投射与移情、创造性想象与超越实现技术人工物设计的道德想象，通过仿生设计的情景模拟、虚拟与现实的情景模拟、设计价值的情景模拟完成设计与使用层面的情景模拟过程，并运用强制式调节设计、引诱式调节设计和劝导式调节设计，逐步实现技术人工物的道德"植入"，实现以技术人工物为纽带的"物律"规范。最后，通过保姆机器人的案例，具体诠释了技术人工物设计伦理转向后的"物律"设计方式。

第6章 技术人工物设计伦理转向之"技术治理"

6.1 技术人工物设计的责任与价值

随着技术人工物的功能与伦理价值的失衡、价值与责任的复杂关系、多元化的伦理治理等问题涌现,迫切需要对技术人工物的责任与价值进行系统的梳理。如何将道德价值和伦理责任设计到技术人工物中,成为技术治理不可忽视的难题。本章运用技术现象学还原法和归纳推理法等手段,通过对技术人工物的价值与责任问题源起与范围、责任分配的追溯,技术治理路径的探讨,重塑人类的"美好生活"。

6.1.1 技术人工物的责任与价值范围

1. 技术人工物的责任与义务

责任是技术人工物道德活动的核心,但个人权利与责任存在内在的矛盾性。例如,陪伴机器人必须决定是否向患有绝症的人告知其病情,说真话的责任可能和尊重他人隐私存在冲突,要解决此矛盾,只有将责任提高到更高层级的原则层面,即康德所提倡的绝对律令。然而在日常生活的实操层面,没有责任就没有刑罚,这是责任主义的具体体现,也是近代刑法的一个基本原理。技术人工物的责任分配处于模糊地带,技术人工物本身能否作为责任主体成为争议的焦点。

当道德的核心定位为"责任—义务"时,在义务本位的规则层面,温德尔·瓦拉赫(Wendell Wallach)和科林·艾伦(Colin Allen)基于康德绝对命令的人工道德智能体(AMAs)提出了两点准则:第一，认识到其行为的目的；第二，评估其他所有道德智能体在类似情况下以相同方式达到相同目标的行动效果。同样，在黄金法则的情境下，人工道德智能体无法做到识别与预测。在责任本位的规则层面，技术人工物承担的法律责任主要包括：第一，技术人工物造成的损伤或破坏；第二，造成损伤或破坏的全部责任不能由某个群体或个体承担。例如，技术人工物在进行常规胆囊切除手术时，事先智能体检仪器未检测到动脉破裂的可能性，但手术进行过程中出现了动脉破裂，需要对其进行修复，人类医生和技术人工物医生共同补救，最终未能完成手术。此时，该过程中因未检测到潜在的手术风险而造成的损失，理论上应该由出问题的智能体检仪器负主要责任，人类医生承担连带责任。但该技术人工物不具备承担主要责任的能力，因而责任主体往往被迫转移为人类医生。然而，这种归责的方式存在一定的不公平性，不能将技术进步的代价全部转移至人类医生的责任中，而忽视真正的责任主体的义务。因此，我们需要提出新的设计模式，来解决技术人工物承担的法律责任。

其中，技术人工物以"代理人"的身份承担着既有的责任。法律意义上技术人工物以"自然人"的身份成为追责的对象，然而，惩罚机制无法发挥真实的效用，仅仅是形式规则上的惩罚，消解了法律的威慑力。但现阶段技术人工物的道德主体价值远远超出其承担义务的价值，技术人工物成为人类"代理人"的时候，以代理价值承担责任，不必过分苛求其发挥道德主体价值的同时承担道德主体的责任。对技术人工物事实道德主体价值与责任的分离归责，是现阶段法律层面的现状，也是技术人工物未完全智能化现状的客观反映。因而，短期内将责任与价值分离，有助于技术人工物的发展和人类福祉利益的最大化。

但技术人工物道德主体的责任与义务统一，是"物律"和"法律"的交汇点，是人类技术与社会发展的理想追求。技术人工物完全成为人类意义上的责任与义务的统一体，成为独立"自然人"角度上的责任承担者，将预示着人类技术跃迁式的进步。虽然现阶段无法预知高技术人工物道德主体如何成为真实人意义上的统一体，但科幻影视文学给了我们多种想象，从中也体现了人类对于技术人工物道德主体的责任与义务关系的思考。无论是沃卓斯基姐妹（The Wachowskis）执导的《黑客帝国》系列，还是亚历克斯·普罗亚斯（Alex Proyas）执导的《我，机器人》等，均尝试对高技术人工物与人类的责任与义务关系，寻找某种平衡的处理方式，试图探寻高技术人工物是否成为危害人类的终极产物。他们很大程度上肯定了高技术人工物具有某种潜在的毁灭性风险，同时，也反思了人类内部之间不道德的关系成为引爆高技术人工物爆发破坏性的导火索。人类的"恶"往往比高技术人工物更可怕，但也正是人类的"善"成为拯救这一切的依赖性力量。因而，既要寄希望于技术人工物的责任与义务统一关系，更要规范人与人之间的道德价值，实现"物律"与"法律"的双重保障。

2. 技术人工物的道德主体价值

技术人工物的道德主体价值体现在技术功能和责任义务的双重价值中。技术人工物的道德主体的双重价值分别支配着两种思想，即技术决定论的价值观和技术塑造论的价值观。技术人工物的技术功能体现了其功用性的价值，帮助人类完成日常生产活动、健康医疗保障、文化艺术行为等，同时也改变着人类的行为习惯和思考方式。然而，价值的本质是数量值的存在，技术人工物塑造论的价值观是基于责任与义务对等数量值平衡关系的考量。技术人工物有责任提供服务的同时，承担相应塑造人类思想的义务，与人类共同成为道德主体或代理人，解决技术人工物引发的伦理问题，培养使用者和设计者以何种价值观认识这个世界，完成技术人工物的技术功能和责任义务双重价值的输入和输出。

其中，技术人工物的道德主体承载其核心价值。詹姆斯·穆尔（James Moor）将技术人工物分为三种不同的道德主体：隐性的道德主体、显性的道德主体和完全的道德主体。隐性的道德主体是通过创建隐性支持道德行为活动的软件，行使道德权力的隐性主体，如虚拟技术软件等。显性的道德主体可以在道德模型的基础上，确定某些正确的做法，输入给定技术人工物所构成的道德主体，如手术机器人、工业机器人等。完全的道德主体是指可以做出道德判断并证明其合理性的实体，就像人类可以做到的那样，如情感机器人、保姆机器人等。

低技术人工物伦理层次处于弱准则自由的范围内，属于物质框架约束的技术人工物，其道德主体价值基于技术功能导向。高技术人工物伦理层次属于强准则自由的范畴，对道德活动行为具有较强的约束力，技术人工物的设计和使用能够在物准则自由的既定范围内活动，其道德主体价值具有一定的责任与义务的约束关系。其中，机器人高技术人工物虽然在自闭症儿童陪伴、幼儿教育等领域发挥着重要的作用，但也隐含了潜在的伦理危机，如军事机器人可能必须决定是否向恐怖分子和其他五个可能无辜的躲藏人发射炮弹；无人驾驶汽车在检测到机械故障时，可能必须决定是撞上一旁的行人，还是冒着乘客生命危险驶出安全护栏等。

另外，罗纳德·阿金（Ronald Arkin）在研究战争机器人的复杂伦理行为时提出了四个伦理价值组件，即伦理统治者管理逻辑、伦理行为控制模块、伦理适配器和责任顾问，分别针对战争机器人的强行限制管理权、约定性军事规则、战争机器人情绪系统调适和人机操作界面，用以保障技术人工物的伦理行为。但罗纳德·阿金认为，四个伦理价值组件短期内不太可能完全实现，存在资金、时间和实操层面的问题。也有部分学者批判罗纳德·阿金接受美国军方资助进行这项研究，本身就是一种违反伦理的行为，希望将这四个伦理价值组件运用在"善"的技术人工物系统中。尽管技术带给大众便捷的生活方式、巨大的经济效益以及社会效益，但针对技术元层面采取的情境性的监管远远不够，技术监督措施跟不上快速发展的技术步伐。

6.1.2 技术人工物设计的责任分配

目前,技术人工物设计的责任分配比较复杂,存在"新壶装旧酒"的职业伦理、经典伦理框架下的个人隐私等纠缠不清的责任问题。因此,在面对具体技术人工物的伦理问题时需要具体分析。一般来讲,责任主体主要集中在四个部分:设计者和使用者、制造商和分销商、第三方承担、技术人工物,如图6-1所示。

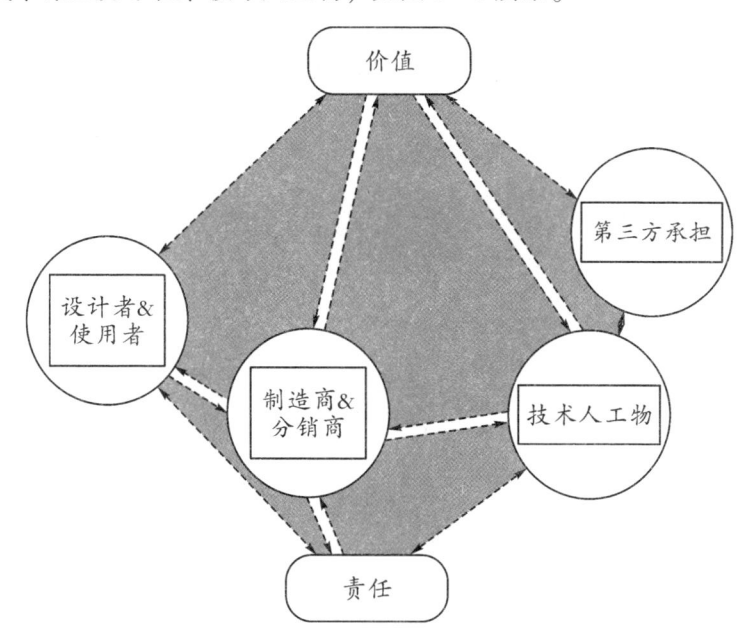

图6-1 技术人工物的责任主体与价值关系示意图

1. 设计者和使用者的责任

以自动式的机器人工物为例,现阶段法律上对该技术人工物产生的事故,归责标准分为两种情况:第一种情况是机器人工物正常工作,使用者操作不当或误操作引发的事故,由使用者负责;另外一种情况是自动式的机器人工物作出的决定责任由设计者承担。据统计车祸事件中,人为错误因素引发的不幸占据了90%,很多人由于对自身驾驶技术的过度自信，导致选择性忽视技术人工物设计中的安全规则，正应验了那句俚语："淹死的大部分都是会游泳的"。尽管设计者在完成技术人工物时附上了使用说明书，但使用者不完全遵照使用说明书的规范使用，更习惯根据个人行为和刻板认识进行操作。因此，雅帕·耶萨曼（Japa Yesaman）针对技术人工物的环境，发展了一种"道德铭刻"到技术物中的方法，通过技术物的物质化基础因素指导的无意识行动模式，嵌入到人们的日常习惯和常规行为中。技术人工物的道德铭刻包括预期技术和使用者在生产用户行为上的作用，在技术人工物责任划分时，使用者和设计者占据主要地位。尽管这种以用户行为为导向的设计，减少了一些因使用不当而发生的道德问题，但仍然存在因个体使用者的不良行为习惯而引发的伦理事故。

现阶段，技术人工物的责任承担存在一种默认的"风险自担"现象，即消费者购买后造成的风险由消费者承担。制造商认为，一项新的技术诞生之时，享受新科技的同时，也要分担相应的风险。例如，马克·考科尔伯格（Mark Coeckelbergh）在机器人伦理应用方面，倡导从人与机器人互动关系的角度考察，强调机器人的外在表象（appearance）在机器人伦理研究中的重要作用。由此可见，设计者和使用者是技术人工物的伦理归责的重要一环。

2. 制造商和分销商的责任

制造商和分销商是技术人工物流向使用者的责任引导者，是技术责任体系中最后一道"把关人"。随着技术人工物的技术功能和物理结构越来越复杂，设计方、制造方和分销商分工越来越明确，技术人工物走向使用者的链条中，均可能发生技术伦理问题。设计者在设计方案交由制造商制作时，受到商业资本的驱动，存在部分技术人工物制造材料和技术成本的压缩，一定程度上会影响技术人工物的使用，如技术人工物的使用寿命和损耗周期标准降低，制作过程中设置更新换代的周期不合理等。同样，分销商层面对技术人工物的销售也存在诱导性的错误。例如，尽管开发商设计了一个提供托儿服务的机器人，但该公司不愿意把它作为保姆机器人进行宣传，而是伪装成儿童玩具，避免家长对高技术的恐慌。一旦发生技术人工物玩具损伤儿童事件，责任索赔诉讼将依赖"合理预见"（reasonably foreseeable）原则，由分销过程中的制造商负责。消费者可以向制造商或销售商提起诉讼，以既有的法律条款获得相应的责任赔偿。

另外，制造商和分销商对技术人工物生产和制造的控制能力较为分散。随着技术的工业化生产，制造商和分销商转换为企业决策者，以市场价值导向为第一要义，常常忽略技术人工物产生的价值和意义，导致市面上产生大量有形无意的闲置产品，其使用频率较低，功能性较差，浪费了大量原材料。这种依托办公室的"幻想决策"，严重脱离了日常生活世界。技术设计与市场导向的分离，是造成这种局面的重要因素，更深层次的原因来自对技术价值和生活意义的忽视，一味追求技术权力赋予的宏利，缺失对其进行监督的态度和责任，破坏了既有的市场价值，也丧失了技术权力与责任统一的平衡关系。

3. 第三方承担的责任

第三方承担责任机制是适应科技发展而生的时代价值体系。传统意义上来讲，技术人工物的设计者和使用者应该承担其伦理道德责任，但随着社会参与、国家政策推动等行为的介入，技术人工物的道德行为活动不完全来自设计者和使用者的原始意愿，此时，责任承担者会出现第三种不确定性。因此，为了保障责任承担机制的完善，需要有第三方承担因科技进步带来的未知风险。在道德行为无法进行清晰判断时，仍需要发展技术人工物的生态链，基于以上客观原因，引入第三方机构承担责任的方式。例如，科技保险公司、基金会或监督理赔机构等，由政府、相关科技企业出资，共同建立一个独立的资金池，在承担责任时使用。尤其是在重大科技研发工程中，需要担负巨大未知的风险与社会责任，某一个体或组织无法承担，需要多个或部分组织联合承担，以确保技术各项指标的稳定发展。

现阶段，第三方承担的责任体系仍存在很多缺陷，在实操层面往往需要更多与之配套的机制，如监理机制、资金审查机制、法律互助等，以保障第三方机构的社会公信力。在公共社会层面，公众与第三方机构之间建立信任关系，往往需要长时间的形象塑造和务实推进，达成一定程度上的默契。在舆论公共媒体形象塑造方面，需要对第三方进行舆论监督，营造客观公正的传声者，辅助第三方机构的公正、公开和透明的形象建构。同时，第三方机构自身需要建立强有效的运营机制和协调机制，以应对突如其来的技术风险。

4. 技术人工物的责任

技术人工物一定程度上被定义为有责任能力的"人"。常规意义上技术人工物无法等同于人，但面对法律归责时，可以用"自然人"的概念来行使责任。自然人并不是自然现实中的人，只是法律思想的构造，自然人和法人都是法律权利和义务人格化的统一体所建构而成的法律上的"人"。根据"无行为则无犯罪"以及罪责自负的刑法原则，判定技术人工物有犯罪主体资格才可以被规责。但承认技术人工物可以承担"人"所具备的责任后，后续的责任惩罚机制似乎无法与常规人相同，是否因此失去责任承担的意义？是否最后回到设计者、使用者、制造商和分销商的责任主体身上？此番疑虑实则衡量惩罚责任效果，因此，我们需要回溯到责任的目的层面来探讨。

其中，弗洛里迪（Floridi）和桑德斯（Sanders）认为对无心的机器从互动性、自主性和适应性做自主性归因视角入手，采用创新式管家的伦理方法去关注问责，并通过自主性的技术人工物进行监控和追责，规范行为使其改善。戴维·卡尔弗利（David Calverley）认为尽管确实可以找到现有的法律标准，使得拥有如意识这样高级能力的技术人工物被认定为"法人"，但最终的认定将会是一个政治方面的考量，而不是法律方面的决定。因为技术人工物的责任承担无法像人类一样受到制裁，缺少本质上的法律约束意义。尽管人工智能不会有自由意志，法律应当认可将有限权利和责任赋予弱人工智能，以保护与它们交流互动的真实的人，以及将人类置于从中获益的更好位置。因此，即使无法对技术人工物实施传统意义上的归责,但要保留追责的"插口",为后续更完善的价值与责任体系提供可能性和延展性。

6.1.3 技术人工物塑造的"美好生活"

"美好生活"是技术道德化的终极目标,实现以技术人工物为中介,创造人类"善"的美好使用情景和生活情景,渴望生活在充满"善"的日常生活环境中。不同时期对于"美好生活"的刻画有所不同,人类依据不同技术人工物在现实生活中起的作用,对无数不同形态的"美好生活"进行想象。但这种追求"美好生活"的想象,不是"乌托邦"的形而上学想象,是建立在无数个技术人工物的设计与使用中,不断地提高技术人工物的功能性和道德性,满足人类便捷服务的同时,使设计制造的技术人工物保持一定程度的道德意蕴。在日常生活世界的各个角落,行使技术人工物的功能与"善意",编织出无数的行动者网络图景,彼此相互关联、相互交互,发生充满"善"的活动和行为,铸造"美好生活"的愿景。

法国哲学家米歇尔·福柯(Michel Foucault)基于古典哲学的核心生活伦理问题,提出了"生存美学"的伦理概念,用以解释如何生活在日常世界当中,怎样追求幸福、智慧等永恒的道德伦理状态。然而,此时的"美好生活"伦理观更多是一种价值层面的倡导,是在亚里士多德(Aristotle)所提倡的"美德"概念上的延伸,是经历文艺复兴运动、两次工业革命之后,对康德(Kant)"道德律"的向往,在实践层面仍存在一定的距离,创造"美好生活"的愿景成为象牙塔中的"乌托邦"。荷兰学派技术哲学提出了实践层面的"道德物化",主张通过技术物化的形式推动"物律"意义上的"善",弥合理论与实践层面的隔阂。荷兰学派技术哲学代表性人物维贝克(P. Verbeek)在此基础之上提出了"美好生活"理论,强调通过技术及其产物改造日常生活世界,并通过具有道德意蕴的技术人工物塑造人与生活的环境,培养"美好生活"的伦理秩序。具体如何通过技术人工物设计"美好生活",维贝克引入了科学学与科技管理、设计学等多个学科的方法,结合了拉图尔(Latour)的"人"与"非人"的行动者网络社会的概念,阿尔伯特·伯格曼(Albert Borgmann)的"装置范式"等前人的理论和实践经验,对技术人工物的设计者、使用者、政策制定者和监管机构进行了系统的设计,尝试性地对"美好生活"实践与理论的结合迈出了第一步。

在"美好生活"的伦理图景中,将道德"写入"至技术人工物中,从始至终贯穿着责任评估。从技术人工物的道德意向性的论证、道德想象和调节设计,都存在一个闭环的责任评估机制,即技术行动者的责任评估和社会行动者的责任评估。技术行动者更多的是技术人工物的设计者和使用者,或某些具体技术人工物的设计和使用者,他们共同将道德"写入"至技术人工物中。社会行动者主要是社会组织或群体、政府监管者、企业监管者等,属于使用和设计的环境提供者,他们呵护、孕育、惩罚或助推道德"写入"至技术人工物中。这两者是一种动态的、互相促进的关系。

在"美好生活"的伦理视角中,技术人工物设计伦理既不属于人的伦理,也不属于物的伦理,转向人与非人联合体的伦理范畴,属于"形而中"的新形态伦理关系。与之对应的是"形而上"的传统"人"的伦理关系和属于"形而下"的"器物"伦理关系,这两者之间存在有很多差异性,成为现当代人们迫切需求的研究命题。从海德格尔、唐·伊德、维贝克、阿尔伯特·伯格曼等人的后现代技术思想推进,不断树立探寻技术人工物伦理问题的路径。技术人工物设计道德"写入"有助于重新思考技术与人的关系,重新定义技术主体与客体的二分法的方式,挑战了传统伦理学意义上的主客二分架构,把现代技术从生产开始就置于技术的伦理意向性视域之中,明确无论是技术主体还是技术自身都应该承担相应的责任,补充了技术行动者弱化的道德"自律"能力,弥补了社会行动者滞后的"法律"效用,用"道德物化"进行时的"物律"规范人的道德行为,消解了长久以来将技术作为科学的附属品的认知，改变了人们对技术的既有思考范式，重新思考了人的主体性和技术责任价值。

然而，生活本身是复杂的，"美好生活"不仅仅依托技术人工物为主导的道德"物律"，还需要规范技术人工物使用情景的"法律"和个体使用技术人工物的"自律"。在多种规则配合下，技术人工物作为实现"美好生活"的纽带，遵守技术人工物自身的责任与价值，合理分配、各司其职，发挥出技术人工物的功能性与道德性。"美好生活"的理论与实践之间，毕竟存在很多现实的问题。生活常常是无序的状态，没有任意一条理论和法则可以囊括既有的"美好生活"进程，仅仅作为每个鲜活个体实践个人"美好生活"的参照，最终走向康德绝对道德律视角下的"美好生活"，注定是另外一种"乌托邦"式的幻想。但这并不妨碍技术人工物作为构成"美好生活"伦理场景的作用，这同样具有积极的塑造意义，谱写着另外一种视角下的"美好生活"图景。

6.2 行动者的建构性技术评估

技术评估的产生伴随着政治战争、人类基因计划、外太空探索等一系列颠覆性的技术发展，人类深深地感到技术的强大破坏力，形成了一种必然的共识，即科学技术工作者要想办法对新产生的技术进行评估，预测和研判新技术的危害后果和人类的技术治理能力。美国于1972年11月颁布了《技术评估法》，并成立了技术评估办公室（office of technology assessment，简称OTA）定义本阶段的技术评估方法，该办公室由影响力极高的科学顾问组成，对国家科学技术实施预测技术研究、应用全过程中可能产生的后果，研判其相应的技术社会问题等，并针对性地制定出公共政策。但该机构存在一定的弊端，技术评估委员会的12人均来自参议院、众议院和两党代表，实际进行评估的人员严重依赖外部科学顾问。政治性的因素严重影响技术评估的进程，加上经费预算逐年减少、技术与经济发生冲突等诸多问题，技术评估办公室（OTA）最终走向了解散的局面。但是其影响力仍在发挥作用，在技术推进和物化的过程中，仍然采用技术评估的思路。各国相继在技术发展的基础上预先设置技术评估的环节。其中，效果最为显著、影响力最大的是成立于1984年的荷兰评估办公室（NOTA），其在技术评估的基础上发展出建构性技术评估（CTA）。

建构性技术评估（constructive technology assessment，简称CTA），其内涵主要是通过参与性的过程，将普通公民的意见纳入技术设计过程中，完成技术及技术人工物的设计、制作、生产等一系列技术活动。其致力于技术人工物设计初期与公众对话、包容性和知情权等方面的拓展。在建构性技术评估（CTA）的意向中，技术和社会需要不断地进行沟通，行动者的历史经验、他们对未来的看法以及对积极影响和消极影响的感知，可以不断地反馈到技术进步中。其属于技术人工物设计初期评估再设计的拓展，将技术可能引发的潜在风险逐层分解，增加每个设计阶段的评估效果，确保技术设计和执行全过程的安全性。

建构性技术评估（CTA）和技术评估（OTA）存在本质区别。建构性技术评估（CTA）将公众纳入技术评估的话语体系，而技术评估（OTA）仅仅是技术专家组成的评估小组，没有为普通公众提供对话的可能性，更多地考虑技术发展与国家利益间的关系，失去了公众的互动话语体系。两者针对不同的技术人工物设计评估存在不同程度的差异。在新兴技术人工物设计领域，如军备装置、生物技术产物等技术软性程度高的领域，由于专业学科知识的门槛较高，公众很难参与其中，科学顾问为主的技术评估（OTA）更具有影响力。涉及社会情景式的技术人工物设计，建构性技术评估（CTA）则表现得更具优势，如无人驾驶汽车、手术机器人、情感机器人等技术物化程度高的领域，需要充分发挥公众参与的特性，吸收公众对技术人工物的意见和建议，在技术人工物前期的设计蓝图中，选择性地将公众的建议"写入"技术人工物的部件中，满足公众的使用需求和参与需求。因此，建构性技术评估（CTA）相较技术评估（OTA）没有质的飞跃，仅仅是适用性和使用情景的区别，但建构性技术评估（CTA）一定程度上集成了技术评估（OTA）的优点，技术物化的程度更具有适用性，针对技术人工物设计端的评估更具有效用，是值得深层次推进的评估方法。

鉴于以上，本研究尝试从拉图尔（Latour）的"人工物社会"思想中的行动者网络视角出发，对技术人工物的建构性技术评估进行探讨，分别从技术行动者、社会行动者和元层面行动者三个行动者维度（见图6-2），对技术人工物设计进行技术评估。该三个行动者彼此之间处于联动的关系状态，不是封闭的孤立行动者，在一定的条件下可以相互转化、组合和统一。本研究在建构性技术评估（CTA）的基础上，尝试还原并解决技术人工物设计过程的评估瓶颈。

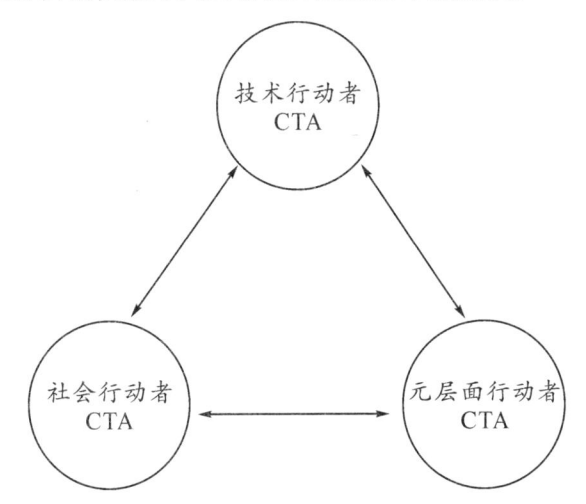

图6-2 建构性技术评估的三个行动者维度的关系

6.2.1 技术行动者的建构性技术评估

技术行动者的责任评估中的常用方法是建构性技术评估（CTA），以实践方式在设计语境与使用语境之间建立联系，充分考虑技术设计过程中所有利益相关者的诉求。通过从多种相关行动者得到信息反馈，组织相关者的需求，建构性评估设计技术人工物时达到利益的统一。建构性技术评估伴随着技术人工物设计的全过程。在技术人工物道德意向性论证初期，建构性技术评估可用于评估"指向性"和"能力"层级的道德意蕴，评估道德想象阶段技术设计的道德规范和使用情景下可能发生的伦理责任，调节设计阶段评估技术人工物道德"写入"的可操作性和持续性。

技术行动者是一个集合的概念，包括科学技术专家、科技政策决策和制定者、技术投资管理者等与技术相关的行动者，他们在构建性技术评估的框架内完成一定技术评估、预测和研判的活动。不同技术学科内细分了很多技术行动者，其看待技术问题的角度有所不同，科学家、技术科学家、工程师、科技战略家、技术投资家所能评估的技术问题各有所侧重。

第一，科学家和技术科学家为代表的技术行动者所建构的技术评估，往往是从科学技术发展规律进行预判，属于技术范畴内的评估活动。该行动者群体擅长科学技术无功用层面的评估，当科学技术成果转化、实施落地时，则很难准确预判其衍生的技术问题，如技术装置投入成本与回报、技术应用的社会化效用及公众理解科学的程度等衍生问题。

第二，工程师则是实操层面的技术行动者评估的主体。其注重技术物化的功能流程、设计方法、材料部件和使用情景，评估技术人工物的功用与情景内的风险，评估使用与误用过程中的合理预见，缩小技术转译过程中的冗余信息，避免技术人工物传播过程中产生情景异化现象而引发技术伦理问题。

第三，科技战略家属于政府层面的技术行动者。其将技术人工物的架构性技术评估纳入国家安全、国家利益、社会稳定和国民经济等相关技术驱动杠杆中，规避过度依赖技术拉动经济，而忽视技术引发的环境问题；规避过度依赖技术水平差异平衡国际政治，而忽视技术本身的客观发展规律；规避过度合理化技术人工物带来的技术福利，而忽视技术背后潜在的伦理危机。

第四，技术投资家属于市场资本驱动下的技术行动者，是技术物化的创新主体。技术投资家对建构性技术评估具有敏锐的洞察力，拥有时代资本市场赋予的强大驱动力，尤其是在技术人工物投入市场后的科学传播路径，对技术人工物的技术评估因地制宜，了解目标群体的使用习惯和使用情景，预测可能发生的情景违和感和本土文化冲突现象，反馈给技术人工物的设计者。

其中，斯高特（Schot）和瑞普（Rip）将建构性技术评估视为一种新的技术设计实践，认为技术发展是一个包含多重反馈的以社会学习为核心的过程，其后果贯穿技术演变发展与决策、技术设计与扩展，始终贯穿在整个技术链中。维贝克（P. Verbeek）"道德物化"思想从技术行动者的角度提出了三个责任评估原则，即无害原则、福祉原则和公平原则。无害原则是指所意图的说服是否会有害于使用它的人或者由于应用影响到的人；福祉原则是指所意图的说服是否有利于使用技术的人或者由于应用影响到的人；公平原则是指所意图的事情是否在平等的环境中公平地对待他人。从技术行动者中的设计者和使用者的朴实价值原则出发，引入责任评估的准则，从而达到设计者和使用者的多方利益均衡。

然而，技术行动者的建构性技术评估与社会的关系，将使用者的评估立场放在第三视角位置。技术战略家和技术投资家对技术人工物的评估视角存在一定的局限性，他们所认为的使用情景和设计情景基于想象经验和调查经验，与实践经验的实操和发展存在一定的距离，建构性技术评估的结果往往具有主观性。技术行动者的建构性技术评估，受限于技术行动者的政治立场和精致科学精神。在长期演进的历史长河中，技术行动者依靠自身的学科知识和理论系统，深耕科学技术的发展，但其学科发展在整个人类进化的进程中，仍然显得很短暂。人类文明和文化的进程贯穿着人类诞生的始终，当拿科学文化与在地文化发生测量关系时，往往出现主观性的偏差。本土的在地文化是基于人的道德伦理关系发展而来，科学文化基于客观实证主义的自然规律发展而来，两种截然不同的文化向度发生对照时，存在天然不可逾越的鸿沟。因此，需要社会行动者参与到建构性技术评估中，完成技术人工物的技术设计和伦理规范，从第一视角对技术设计进行建构性评估，参与技术人工物的设计对话进程。

6.2.2 社会行动者的建构性技术评估

社会行动者通过对技术行动者的控制和促进作用，通常采用如管制、社会运动、教育等方式改变技术演化中的选择环境，来影响技术的发展方向和演变路径。不同的使用情景和行动主体所产生的责任有所不同，造成了责任评估的复杂性和局限性。

其中，妮可尔·文特森（Nicole A. Vincent）划分出了六种责任：能力责任、因果责任、角色责任、结果责任、品德责任和义务责任。这种责任划分把能力和义务作为起和始，将能力责任分解为因果责任和角色责任，将义务责任分解为结果责任和品德责任，结果责任链接了能力和义务责任，贯穿了整个责任链条，针对技术人工物设计过程中设计和使用情景的责任进行评估。

另外，艾哈迈德（Malik Aleem Ahmed）和霍温（Jeroen van den Hoven）在网络应用开发设计和使用情景中的责任方面，厘清了六种责任，即道德责任、角色责任、因果责任、法律责任、元任务责任和社会责任，以此作为社会行动者的责任规范，进行社会行动者层面的建构性技术评估活动。具体来讲，道德责任是因疏忽或过失造成的意想不到的危害。角色责任也称为委派责任，依据分配给每个人的职责而划分。因果责任是将责任分配给某人后，做了什么或没有做什么从而导致某事发生的责任。法律责任是通过法律来分配的责任。元任务责任是确保系统用户能够接受他的责任，即任务、消极的任务和元任务的责任。社会责任要么是责任的社会，要么是对社会负责。

社会行动者责任评估对公众参与性要求较高，技术民主和公众参与需要一定的理解技术的基本素质，设计周期具有时效性。一般由专门的第三方评估责任评估机构对技术人工物进行责任评估和技术检测,消解技术人工物设计中道德"写入"的责任风险。

社会行动者的构成包括社会团体、政府机构、具有一定科学素质的公众等,他们通过经验性的知识和技术性的设备,从概念、事件、技术等多个不同维度进行责任评估。

其中,社会团体是指社会中的科学协会组织,该社会团体多数由科研院所的科技工作者组成,侧重科技工作的统筹、管理、科研经费、绩效、成果发表与转化等工作。例如,以中国科学技术协会为代表的社会行动者组织,其管理着各个学科领域的科技工作者和不同主题的科技协会。与技术行动者所不同的是,社会行动者中的社会团体属于科技工作者的组织管理方,存在部分技术行动者管理该组织运作,但更多的是以技术组织集合的行动者。

政府机构属于社会行动者中进行建构性技术评估的对接窗口,如科技部及其下属各省市科技厅,以及其附属的相关政府科技单位,它们助推科学技术发展的进度,提高社会生产力,改善民众日常生活水平。政府机构作为社会行动者把控着技术政治的维度,虽然提倡科学无国界,但涉及国与国之间的利益纷争时,同样存在国际技术政治的担忧。政府机构一方面,评估技术发展的进度可能产生的技术问题;另一方面,需要从国际政治视野评估哪些技术受到哪些国家垄断,需要进行中长期和长期的技术预见,评估如何将有限的科研经费投入至不同阶段的技术设计中,设定不同优先级别和实施效果可行性评估。政府机构与科技战略家的区别在于组织和执行者工作分工。科技战略家属于建构性技术评估的技术政治、技术战略的评估实践者。政府机构联结技术行动者中的科学家、技术科学家、工程师、科技战略家、技术投资家等个体,承上启下式地收集科学技术相关反馈信息,进行制定技术研发经费预算、发布科研项目、评估技术转化问题等活动。

具有一定科学素质的公众是社会行动者的绝大多数,其特点是数量庞大、科学知识和科学素养参差不齐、分布学科不均衡等。但该群体是技术人工物的使用者和技术伦理问题的践行者,其反馈与建议决定着技术评估的效果和方向。同样,该社会行动者群体的评估信息反馈和建议收集具有一定的难度,需要消耗大量的人力和财力,体量较小的国家相对容易,像中国这种超级大国比较困难。受到地域文化、生活习惯、地理环境等因素影响,其所反馈的技术评估建议具有多元性,这也是大多数国家选择性忽略该群体参与建构性技术评估的原因,其可行性和执行性较差。但也有其他方法和手段可弥补这些劣势,如代议制式的公众参与建构性技术评估,根据人口、地区、科技领域等细分项,选择性地抽样选取公众社会行动者作为公众评估代表进行建构性技术评估,或者采用不均衡分布式的抽样选取公众评估代表的方式等。

6.2.3 元层面行动者的建构性技术评估

元层面行动者的建构性技术评估连接技术行动者和社会行动者,弥合了两种行动者建构性评估的差距。元层面行动者是技术行动者和社会行动者的结合,应对技术人工物设计和使用全过程周期内技术治理层面的建构性技术评估,属于建构式的技术治理转折点。元层面行动者的建构性技术评估是常常在高级技术人工物危机和紧急状态下使用的一种建构性技术评估,如生物技术病毒扩散、基因编辑技术危机、重大技术社会伦理困境等问题出现时临时组建的建构性技术评估应急手段。对于新技术伦理意义的评估也反映了人们的广泛意愿,即想预测并抵制那些难以容忍的道德伤害。

元层面行动者不具有高度的可见性,属于政治任命的行动者,通常直接参与国家政策,国家级的委员会享受一些议程设置权,他们可能临时被政府决策者召集起来,解决紧急的或突发的技术危机。这些委员会可能来自不同领域的决策分支,以技术协商的形式确定技术危机的解决路径,不局限于技术、经济、文化、社会等领域的技术危机,以应对性解决紧急的技术危机为导向。另外,元层面行动者完全摒弃了公众参与的可能性,虽然会进行紧急的技术危机调研,但决策和视角完全来自临时召集的技术评估委员会。同时，元层面行动者的建构性技术评估是具有极强的结果导向，常常处理重大紧急危机的技术突发问题，当技术危机过后自动解散。例如，虚拟技术人工物的技术、纳米技术、合成生物学、基因编辑等高技术领域，常常使用元层面行动者的建构性技术评估，以专家组应急工作会议的形式，预测和研判潜在的技术危机以及发生后可行的技术治理路径。但元层面行动者相较技术行动者更倾向中性的解决路径，因为技术危机引发的不仅仅是技术问题，绝大多数会严重影响人类的社会生产活动和文明进程，处理起来需要权衡更多的影响因素，需要权衡多种权利和技术自身因素，远远超出技术设计的范畴。因此，元层面行动者的建构性技术评估，对于技术、技术人工物和人三者多级博弈的中性评估方式，尝试回溯技术未发生的状态。

正是由于技术危机的严重和紧急性，元层面行动者的技术评估会暴露出前所未有的问题。传统技术风险评估容易忽视风险的系统性和分布性。危险性的技术实际上并不会在空间和社会群体中偶然地或平均地分布，它们更倾向于多发在较贫困的、没有政治优势的地区。由于知识储备人员和技术发展程度的欠缺，潜在的技术风险无法预测，当技术风险发生时，无法及时有效地进行技术治理。

在技术人工物风险监管中，我们需要理解为什么该风险持续存在，即使经过了层层的技术评估，仍然无法杜绝技术风险发生。通常技术人工物的风险评估具有三个局限性，即专家评估的局限性、技术系统管理的局限性和风险后果处理的局限性。

第一，专家评估存在知识结构和认知模式的客观性，其评估的依据源自既有的科学性知识，而未知的风险具有不确定性和多元性，既有的科学性知识无法涵盖未知的风险。另外，专家评估也杜绝了部分已知的风险。由于科学性知识自身演变产生的规律，很多非科学性的知识未列入其考量范围，如文化层面的知识、经验性层面的知识，均未进入科学性知识的评估架构内。

第二，技术系统管理的局限性受到技术人工物风险监管的内部因素影响。在元层面行动者的建构性技术评估中，技术系统管理属于临时组建的机构，技术系统管理依附于外置的资金、人力和科学机构，缺少相应的监督机构和监管机构，更多地接受来自媒体和公众的舆论监督，仅仅是道德层面的约束，没有形成常规的监督机制。换言之，需要由社会和公众对其实施监督，转化成某种道德文化意义上的监督，这将十分考验社会制度和历史文化积淀。

然而，尝试着将技术评估委员会进行职业化，让他们负责监督研究行为，引出了另外一些问题，如：技术的控制权是交由该领域的科学家还是技术伦理监督机构？专业领域的技术发展和专业技术评估显然是两件事，往往研究进行中的技术具有很多不确定性和敏感性，无法短时间内预测其发展方向，当两者发生冲突时，主导权该由谁来决定？是否发生冲突时主导权移交至第三方来裁决？这种解决主导权的路径将重复技术评估委员会的工作，无法多次无限地转移决定权，对科学技术研究和技术评估本身都是严重的伤害。因此，当出现这种情景时，需要采用更具有协商式的技术评估方式，回归到技术元层面和评估元层面。另外，这将可能是技术产生善意的萌芽，是对未来善意技术的道德化的要求，也有学者称其为公共社会技术意向，诱导技术走向"善"的层面。

第三，风险后果处理的局限性属于元层面构建性技术评估的外部影响因素。技术伦理风险受制于技术本身，元层面的建构性治理是控制其发展路径和扩散范围，逐步消解现有的危机，如果暂时无法做到迫使该危机彻底消失，风险后果始终存在，则保证其不复发是阶段性的治理方式，但无法保障技术危机一定不会卷土重来。技术的进一步扩大应用，会改变使用者对自己身份和能力的认识，他们会逐渐用全新的、难以预料的方式来理解自己能够做什么以及自己是谁，往往会在对社会未来的宏大愿景中，触及一些公众控制能力之外的东西。尽管这些风险后果直接影响公众的生活，但在元层面，对技术未来的愿景采纳和放弃都与公众没有什么关系，风险后果的局限性是客观的未知存在，技术行动者、社会行动者和普通公众与其担惊受怕，不如坦然地面对已知的存在。

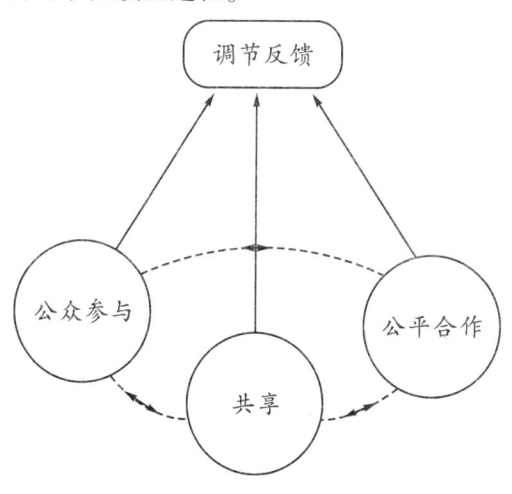

6.3 技术人工物设计的调节反馈

技术人工物设计的调节反馈分为三部分，即公众参与、共享和公平合作（见图6-3），基于这三者的互动关系，实现技术人工物设计的调节与反馈。让公众参与技术人工物设计的初期是为了提高公众对其责任与价值的认识，让公众认清他们不仅仅是技术成果的享受者，更是责任的承担者。技术调节反馈中的共享方式是基于技术行动者、社会行动者和元层面的行动者三者的共享互动关系，保障了技术信息知识的流动，有效促进了调节反馈的响应时间和效用。当然，在整个调节反馈的过程中，公平合作关系是流动过程中的重要一环，法律明文规范的同时，更需要社会层面的契约关系，公众、设计者和监督者需要保持某种公平的默契，建立社会互信关系，并以此为基础推动技术人工物设计的调节反馈全过程。

图6-3 技术人工物设计的调节反馈关系

6.3.1 公众参与式的责任消解

公众参与式的责任消解来自公众理解科学的演变，旨在帮助公众理解技术发展过程中的进程，帮助使用者了解技术人工物的使用方式和理解能力以及可能存在的技术问题，使他们在日常生活世界中遇到技术及其产物时，能够具有一定的科学判断，理性看待技术演变带来的技术产物，更好地生活在这个技术社会中。西方传统的公众理解科学则是基于责任与义务的关系，即科学家拿了纳税人的钱从事科学技术研究，有责任向公众解释这笔经费如何运用到科学研究中，以及所研究的科学技术内容是什么，有责任帮助公众提升自身的科学素养，使其更好地适应快速变化的技术社会。然而，公众参与科学的这一理念延续至今，其内核的责任与义务的关系逐渐发生转变，由原来的被动参与转变为现在的主动参与，由利益关系转变为公共关系。

公众参与技术人工物的设计是对技术本身发展的必经之路。技术本身的诸多方面存在无法确定性，也无法有效地预防。因此技术决定论认为，既然无法有效地预防技术带来的未知风险，索性发挥技术的创造性，让技术去解决技术中的问题，当发生问题时再去攻克，但是公众享受技术带来福利的同时，也应该承担其成长演化过程中的问题。技术决定论认为公众消费理应承担其技术责任，这将导致技术责任无形中被消解在使用者身上。然而，技术本身是否可以有效解决自身产生的问题，仍存在很多不确定性，技术产生问题后是否可以"踩刹车"或"倒流"，同样存在很多争议。

公众参与技术人工物设计的初期，一定程度上缓解了技术主义的独裁，防止技术无节制地发展，脱离人类的视线。技术专家在评估技术风险时，倾向注重其变化，而不注重可持续性；重视短期的安全性，而不重视对环境和生命质量的长期持续影响；重视开发商的经济利益，而不重视对其他社会成员的公正性。而伦理学家在评估技术风险时，倾向人文关怀和技术边界，认为技术的不确定性是其本来面目，如果丧失人性的温度，终将沦为技术的奴隶，需要评估未知的确定性后再进行技术开发。两种视角下的专家学者各有依据，目前对涉及人类基因的技术及其产物达成一定的共识，需要经过多学科的伦理委员会评估，其他技术领域的未知仍然存在。

另外，技术监管者进行风险评估时，一般只能选择通过同行评审的科学知识成果，公众长期积累的经验性知识往往无法纳入风险评估的尺度中，这些经验知识标准常常被主观性地忽略或不作为参考项，因为科学的风险评估建立在科学知识的基础之上，风险评估框架没有留给经验性知识探讨的空间。这也是为什么技术人工物的生产与设计出现了国家标准和行业标准的规范。行业标准是解决某些行业的机器设备特殊需求，由于产值、规模、小众等情况，依托行业经验或个性化定制生产的非标准型设备的规范。此类行业公众无法参与风险评估，仅仅依托行业内的评估，但往往发生复杂的技术风险时，无法用既有的科学知识体系搜寻其原因。恰恰是那些在初期被筛选掉的不确定因素，导致了技术风险的产生。

技术评估政策的被迫改变，促进合法参与技术人工物的调节反馈活动。技术政策的政治对公开对话的排斥，基本上完全消除了建设性公共参与的可能性，长期以来采用以科学顾问专家为主要群体的技术评估（OTA）政策，没有给公众参与技术评估的对话空间。后来政策制定者意识到，科学评估专家考虑的更多的是来自技术本身的问题，缺少对当下政治社会的关注，与政策制定者产生了努力方向的分歧，便引入了公众参与技术评估的机制，即建构性技术评估（CTA）。政府制定政策、成立机构，邀请公众参与技术评估中，一方面，让公众熟悉未来可能投入日常生活中的技术应用活动，避免因宗教迷信、种族利益等未知因素而产生的阻碍；另一方面，给予公众社会参与感，让公众理解科学的演变发展规律，知晓技术物化的应用可能会产生一定的技术风险，有可能经历技术评估也存在未知的技术伦理问题，强化公众对于技术科学发展规律的理解，缓解技术风险面临的舆论压力。

不同的国家之间及国家内部,技术伦理评估机构的设计和运作存在较大差异。机构的经费来自政府机构、科技企业、民间基金会等不同渠道,其目的导向和利益导向存在倾向性,公众参与技术评估的过程同样存在不同程度的差异。以英国和德国为例,当技术人工物设计遇到技术伦理评估时,会划分出多个领域,与公众生命健康直接相关的领域,必须对公众开放并邀请参与其中,会吸收更多外行公众的意见,如德国议会2007年发布的《伦理委员会法案》、2011年通过的《胚胎保护法》等,以立法的形式保障公众参与到技术人工物的初期设计中的权益。英国则是采用非官方的方式将公众纳入技术人工物设计初期的伦理审查中,如1991年由纳菲尔德基金会成立的纳菲尔德伦理委员会,来确定和界定生物学与医学最新进展中提出的伦理问题,对公众担忧做出回应和预测。

但公众参与到技术人工物的设计中,是否盲目地夸大了公众自身的评估能力?公众是一个集合的概念,是由无数个体组成的存在者,对于技术预测和预判的能力参差不齐,公众内部同样存在不同的声音和矛盾观点,达成一致的技术评估建议和反馈同样存在困难。公众参与技术评估的认知能力和判断能力存在这么多的不确定性,为何还要将公众纳入技术评估的框架内呢?这是因为依靠公众参与技术人工物设计,并非依赖于公众提供技术的预判或评估,而更多地侧重技术权利的民主性,释放技术的"道德意蕴",强调公众是技术的控制和使用主体。技术始终是服务于公众的客体,公众参与到技术评估的过程,是人与技术彼此塑造的过程,也是技术走向真正意义上道德化的过程。

另外,公众参与式的责任消解是双向的,消解公众对技术误解的同时,也在一定程度上消解科学发展的时机。科学技术的发展水平和发展领域存在不均衡性,一味地批评技术主义发展可能存在的隐患,却忽视了不同区域间的技术发展壁垒。评价科学技术发展程度高低的标准很难界定,随着科学技术学科的细分,逐渐脱离了标准化评价的框架,走向去中心化的科学发展方向。此时,多数公众甚至多数同行科学家的不理解,并不意味着某项技术设计缺乏事实判断价值。对于技术人工物设计初期的公众参与的方式,存在不同语境的解读。科学素养较高的国家采用该种方式,可能存在责任消解的目的、公众理解的目的等。某些国家未采用或小范围采用公众参与的方式,是为了提升技术设计本身发展的速度。一味地追求公众参与式的责任消解,反而成了另外一种技术错误。因此,技术人工物设计的初期,如何裁判公众参与与责任间的关系,需要综合更多的在地因素、科学因素和文化因素等,采用因地制宜、因事而动的方式,理性、客观地看待公众参与本身。

6.3.2 多元行动者的共享

共享式的调节反馈分为技术行动者层面的共享、社会行动者层面的共享和元层面行动者的共享。技术行动者层面的共享包括技术成果、技术设计方法和技术管理等行业内的共享,同时也包括部分面向公众的科普等行业外的分享。社会行动者层面的共享包括媒体信息披露、政府政策透明度、科技企业信息交流和公众理解科学程度等。元层面行动者的共享主要特指科学技术委员会、科技智库、国家科技战略领导者等内部间信息、资源等方面的共享。共享式的道德调节的目的在于,将技术沟通、技术评估与道德调节的可能性纳入技术人工物设计中,保障技术与公众沟通、技术行动者间和不同技术间相互促进,保留公平对话的窗口。共享意味着共享技术福利的同时,需要分担技术风险,不能仅仅享受单边共享的福利,而选择性地忽略共享中应该承担的责任。具体从以下三个方面展开讨论。

第一,技术行动者层面的共享,聚焦在技术人工物设计的技术性和功能性层面。既有的技术共享与合作体系基于专利保护、技术转让和技术授权等途径,更多的是一种有偿的共享合作。另外两种则是技术无偿共享和技术交换式共享,这两种建立在公共合作的基础上,采用技术化货币的共享机制。

常见的技术无偿共享多表现为既得利益有效期后，各国的技术组织达成某种协议，防止技术过度独裁影响全人类的技术发展。在一定期限内技术行动者享有技术的经济利益，期限过后必须无偿共享给公众，这就是我们常见的技术专利的保护有限期年限的规定。另外则是技术行动者出于道德层面的共享，某些科学技术工作者在某项技术设计完成后自愿无偿共享给全人类，供大家在该技术层面继续探索。例如，居里夫人发现放射性元素镭和钋，无偿将这项科技成果共享给人类，奠定了现代放射化学的基础，并被授予诺贝尔奖，以表彰她在该领域作出的贡献。又如，谷歌公司开发安卓手机技术系统框架，免费共享给全球的科技公司使用，不同品牌手机在此基础上开发各自的应用程序。然而，技术行动者采取无偿技术共享在特定情境中不利于技术设计的发展。技术行动者有偿式的共享是基于货币价值的交换，当失去货币价值交换后，必定被其他的价值物替代并进行交换。一旦被道德价值等价为技术价值交换，技术问题将转嫁至社会问题，技术行动者对于技术设计的投入将陷入尴尬的道德价值绑架中，长此以往技术将会停滞不前。因而，一味地追求技术行动者无偿的共享，一定程度上扼杀了更多技术行动者参与技术设计工作的积极性。

技术交换式共享是以技术供需价值的方式替代货币价值实施共享。该技术共享方式常采用国际间或国家多部门间技术合作、集团间技术共享互换等形式。之所以演化出技术供需价值形式的共享合作关系，原因在于某项技术无法用金钱价值衡量，或技术设计的时间成本不允许单个技术行动者开展工作，只能依赖于多个技术行动者组织或国家间进行通力合作。该共享方式已经上升至技术庞大工程层面的共享关系，如人类基因组（Human Genome Project）计划、国际空间站（International Space Station）计划、国际热核聚变实验堆（International Thermonuclear Experimental Reactor）计划等。技术交换式共享是技术人工物设计的大科学装置，不断地提升技术价值共享的成果，为人类生存谋求福祉。然而，技术交换式共享方式同样存在许多瓶颈。开展一项技术交换式共享的科学技术工程,意味着需要进行前期的技术评估,该项工作成为合作的前提。中国曾提出建立大型强子对撞机,以提升我国高能物理研究的水平。在进行该项技术评估时,诺贝尔物理学奖获得者杨振宁教授表示不太支持,认为该项技术人工物的辉煌作用已经过去,所消耗的高额科研经费不如投入其他更具有潜力的科学技术领域。

第二,社会行动者层面的共享是目前主要的道德调节困境。现实社会中的技术人工物设计初期,设计者往往没有给社会行动者中的使用者预留讨论空间,使用者以一种事后诸葛亮的观望者身份参与技术人工物的伦理讨论,导致技术人工物设计者与使用者这两个要素处在两个平行的情境中。设计者即使在技术人工物的评估阶段,往往也是阶段性的身份调节,无法全面地预知技术人工物的使用情景。技术人工物投入市场后,仍然经历着使用受众的评估与反馈,产品不断受到经济形势影响而升级,助推其技术治理发展。设计者用既有的技术和社会生产价值,衡量技术程度和技术潜在问题,认为多少钱卖多少技术服务,却忽略了技术人工物一旦社会化后,技术问题将转化为社会问题,引发潜在的技术伦理问题。而技术人工物的推进依然持续着,用更高的技术来解决产生的既有问题,以技术决定论为导向和指引,设计者和使用者共享调节的空间渐行渐远,问题堆积到一定量的时候将会爆发严重的社会危机。

同样,对于"人"与"非人"之外的存在社会性规则,技术人工物无法触及该意识形态的发展。例如,红绿灯的设计缓解了交通拥堵的问题。然而,交通信号灯同样具有局限性,复杂的路口中过多交通标示减慢了车辆和行人的通行速度,造成更严重的交通堵塞。汉斯·蒙德曼(Hans Monderman)用"共享空间"的概念,解决繁华路段交通路口的混乱状况,其理念是行人放在第一位,其他车辆放在第二位,以简化复杂红绿灯路口的交通规则。这在现在认为很稀松平常,但在当时的境况下起到了关键的作用。人们往往认为技术人工物的技术故障、事故和伦理问题是无意的，那只是因为技术的设计过程很少呈现给公众。现有的制造技术人工物的工厂多数谢绝公众参观，只有少数的科普游学基地对公众开放，科学技术的共享空间缺少客观的驱动力，生产厂商认为没有对公众开放的义务，还存在生产空间环境、技术保密等方面的问题而无法展示给公众，缺少生产者或设计者与公众对话交流的空间。

另外，媒体在技术人工物设计的调节反馈中充当了社会行动者的传声筒。尤其是高技术人工物的设计中，媒体积极、客观、公正的报道起到了技术发言人的角色。技术人工物发生伦理问题时，媒体充当道德调节的放大者。媒介技术人工物联结技术行动者、社会行动者和公众行动者，运用技术媒介手段共享合适的技术危机信息，缩小技术危机引发的社会性恐慌，放大技术行动者的科学形象，给予公众积极应对的信心，是遏制技术危机转化升级为社会危机的重要手段。技术人工物的设计不单单需要技术行动者参与，还需要更多的媒体类的社会行动者参与，营造客观积极、充满正能量的社会氛围，辅助技术行动者缓解社会舆论干扰，告知社会公众相信科学、相信技术行动者有能力解决技术引发的危机。用媒介的手段充斥人类日常生活，如抖音、快手等短视频App，可调节公众过度紧张的聚焦点，发挥技术媒介的娱乐传播优势，分散公众参与技术层面的焦虑感，缓冲技术危机下的氛围。此时大部分公众无法参与到技术人工物设计中，唯一能做的就是扮演好沉默的监督者，保留自身后续的参与权。

第三，元层面行动者的共享属于第三方的监督机制，保障共享的公平性和秩序性。但元层面的监督式的共享机制，往往被不法者诱导，消除共享的政策，实则把技术重塑为消费者的权利来源，而不是一种政治形式。它为了实现知情消费的简易之路，牺牲了困难的伦理审议原则。特定领域的技术人工物设计伦理的审查，逐渐成为专业人士的独享。他们一方面向公众传达一种民主监管的安全保证，另一方面赋予技术人工物生产制造企业完全的行动自由，由他们来实际决定什么是实现"公共的善"的科学。资本的介入改变了技术人工物设计共享的进程，出现分阶层、分资本和话语权利的倾向性共享，完全违背了公共"善"的精神。

6.3.3 社会契约的公平合作

社会契约是基于公共社会信任关系建立起来的，是公众参与技术人工物设计中调节反馈合作的基本方式，多项技术主体和客体间的公平合作是促成该项反馈的基石。作为道德主体，我们并非由自己的目的所界定，而是由自己的选择所界定。技术发展过程中，技术评估的已知结果和未知结果，均需要客观地呈现给决策者和公众，已知的未知远比未知的未知、扭曲的未知更具有安全感。对技术的理性民主监管，需要我们审视机器表层后的世界，关注背后的决策和选择塑造了什么可行、什么不可行的界限划分。立法和技术设计同样涉及授予权力的问题，前者是授权给立法者，后者是授权给科学家、工程师和制造商。

技术人工物的风险存在掺杂着权利价值，无法将其完全剥离出来。当某项技术人工物成为权利价值的砝码时，将无法独善其身地讨论其功能性和道德性，更多的是来自不同权力阶层间的博弈，不同利益团体间的合作将扩大这种权利价值。这将导致技术人工物的异化，技术人工物的功能性不再成为使用的焦点，更多的作用转化为符号价值或分流至其他权力关系的换取中。以医疗类技术人工物为例，生产口罩的机器、医用口罩、护目镜、防护服和呼吸机等，同时兼具了功能性和权利价值，成为国与国之间合作的筹码，成为不同利益团体间的博弈工具。一旦政治权利价值介入其中，技术人工物本身的使用价值将转换成第二梯队，社会契约的公平合作将成为衡量技术人工物的使用情景的标准。医疗类技术人工物在面对生命的过程中，不再承担道德价值的代言人，逐渐被政治化和符号化，沦为权力博弈的闲置品，成为破坏社会契约的替罪羊。通过舆论牵动技术人工物的使用者和评估者，公平合作关系将成为扭曲的话柄，失去公平对话的空间。然而，这并不是最糟糕的境遇。无数个无法使用医疗类技术人工物的患者失去生命，变成权利价值的牺牲品，美其名曰医疗类技术人工物短缺，无法发挥其应有的功能性，殊不知某些政客将该技术人工物异化，变为权利价值的武器，掠夺了公众使用该技术人工物的权利，亲手撕毁了社会契约和公平合作的机会。

一方面，风险评估掩盖了许多人与技术系统互动的复杂问题。风险评估把真实世界的动态社会技术互动，简化成了一些普通的、标准的情景，技术人工物、人和情景的间性缝隙愈演愈烈，产生技术风险的可能性越大。技术人工物一旦脱离人与情景的约束，将走向社会风险的无规则序列中，技术人工物脱离得越多，走向社会风险的无规则序列越多。积压的部分风险随着技术的更新换代或时间的推移，会消解一部分未知风险序列。沉淀下来的风险序列终将演变成社会风暴的漩涡，在一个错误的情景、使用者和导火索中爆发。因此，社会契约的介入，是技术风险脱离情景后的社会治理屏障，为脱离情景序列的技术风险增添一纸保险契约，消解和掩盖未知的技术风险。

另一方面，面对虚拟世界中的技术人工物，法院喜欢用物理世界的实体进行类比，这存在很大的局限性和弊端，一定程度上丧失了裁判的公正性和贯通性。在社会契约面前，法院无法衡量公众对技术人工物的使用程度和破坏程度。其在虚拟空间中的肆无忌惮，严重超出物理空间对应的制裁关系。技术天然塑造的数字人格，将释放人性深处的骚动与不安，现实情景中的个体充当着被遗弃的"透明人"，虚拟空间中的合作关系将拓宽既有的是非判断标准，模糊很多物理空间的裁判标准。新的社会契约关系将重塑虚拟世界中技术人工物的使用规则，个体间将重新签订虚拟社会契约关系。同时，现实空间中的部分契约关系存在延伸的可能性，弥合日渐扩张的虚拟世界中的契约关系，逐渐与其形成某种平衡状态，缓解个体在虚拟空间和物理空间的转换，最终两个空间达成某种对应关系。

技术人工物的设计本身拥有政治性的一面。它一方面为公众提供服务，另一方面像一只无形的"手"规范着公众的日常行为，维护社会公共秩序，分配利益和责任，并在此基础上重构着政治权利。无论你是否感知到技术人工物所具有的技术支配力量，它已经充斥在我们日常生活世界的各个角落，已经与人的身体、行为、思想和意识融为一体。你既无法抗拒它的便利，也无法摆脱它的束缚。不知不觉中人类已经成为技术的工具人，技术成为人的代理人。并非是人类控制了技术，也不是技术控制了人类，人类与技术之间是一种社会契约的民主合作，彼此成就、彼此影响，成为人与非人的共同行动者。

但是，这种社会契约的民主合作存在着多种天然的不公平性。公众参与技术人工物设计初期的技术评估中，无法完全左右技术评估的方向，更多地来自技术行动者的告知。公众初步完成了技术内容的知情权，对于技术潜在的伦理危机承担相应的潜在风险责任，但没有丝毫权力改变其发展的方向，仅仅是参与技术评估的外围，窥视其发展的路径，仍需要依赖技术行动者的技术治理方案。公众在社会契约的民主合作中扮演着俄罗斯套娃中的中间层，技术行动者扮演了最内层，供公众包裹围绕。同时，技术行动者拼命地在中间层外围编织着更大的套娃，罩住公众、自己和技术本身，看似参与了层层的角色扮演，实则无非是另外一种形式的技术秩序规范，让公众不要深度参与最核心层的技术行动者的技术评估，摆正自己的位置，扮演好套娃中间层的角色，帮助技术行动者更有效地设计套娃最外层结构。

然而，短期内的公平性在突如其来的技术危机面前，似乎显得不合时宜。解决技术危机才是社会契约保障永久公平性的前提。当面对不同选项进行抉择时，我们不仅要考虑如何克服眼前的困难，更要自问危机过后我们生存的世界会变成什么样子。对于短期内产生的技术人工物的危机，需要迅速做出决策，可能在很短的时间内需要技术行动者做出评估与预判，此时的社会契约应该存在潜在的解释关系，默许不同权益的优先级，适度放大技术行动者的优先级，缩小公众契约关系的优先级。一旦技术危机状态结束，将恢复原有的社会契约的民主合作关系，危机程度越严重，越需要启动潜在的社会契约关系，并且逐渐形成一种社会共识。当技术危机伤害到全人类的生存权时，公众有责任达成这种默契，长此以往，才能保障人类双重权利的平衡发展。

6.4 技术人工物设计的技术治理路径

技术人工物的设计已经渗入我们的身体、思想和社会交往，改变我们与其他人和非人的关系，人类身份和关系逐渐发生转变，直接影响人类存在的意义。我们对生物物质的操控能力，重构了我们对生命和死亡、财产和隐私、自由和自治的思考方式。希拉·贾萨诺夫（Sheila Jasanoff）针对技术监管的系统思考，归纳出了三种观念，即技术决定论、技术专家治国论和结果意外论。第一种技术决定论，认为数百年来的历史经验相悖，技术有其自身内在的动力，驱动着历史进程。第二种技术专家治国论，主张只有拥有技能和知识的专家才具有监管技术进步的能力。第三种结果意外论，则认为技术所造成的伤害超越了技术的意图范围和预测范围，从而产生了宿命论的说法，即人类参与技术及其产物的塑造过程中，会产生各种可能性，并且无法预料其发展的方向。

本研究根据关系论、系统论和建构论的破解思路，将技术人工物的技术治理分为三种路径，即技术内在关系路径、混合式系统路径和价值敏感设计路径，分别代表了三种不同指导思想的技术治理路径。技术内在关系治理路径偏向用技术设计解决发展过程中遇到的技术伦理问题；混合式系统治理路径采用多角度综合治理的方式，从系统论的角度出发解决技术伦理问题；而价值敏感设计的治理路径属于前置式的解决方式，在技术人工物设计初期进行价值识别与设计，从先入式的技术价值评估视角介入。这三种技术治理路径在实操层面存在部分交叉，但技术治理指导思想源头有着本质区别，各自均有适用性和局限性，需要结合具体的设计场景和使用场景以及技术伦理问题来进行合理使用。

6.4.1 技术内在关系的治理路径

技术内在关系进路是指在技术人工物的体系内，运用技术手段合理设计技术物发展路径，规避技术人工物失范行为。该治理路径是以技术为解决技术产生问题的总称，其表现形式和实践手段多样化，常常针对具体技术设计领域和产生的具体伦理问题，展开针对性的技术设计与治理。技术内在关系治理路径的指导思想，旨在尝试将伦理问题纳入技术定义的范畴，以技术人工物限定程序的方式实操，包括人工生命、遗传算法、联结主义、学习算法、具身的或包容式结构、进化与后生机器人、联想学习平台等，不同程度地构建技术人工物的技术内在关系进路的治理路径。

阿兰·图灵（Alan Turing）在《机器能思考吗？》一文中写道："与其尝试去编写某个程序来模仿成年人的思维，为什么不尝试去编写某个程序模仿孩子的思维呢？如果随后再接受一种合适的教育过程，我们将因此获得成年人的大脑。"1975年约翰·霍兰德（John Holland）发明了遗传算法，进化自适应的程序为解决技术人工物的伦理问题提供了可能性。随着多学科的交叉融合，威廉·汉密尔顿（William Hamilton）从博弈论"囚徒困境"的逻辑中得到启发，论证了"对基因传承有利的行为不一定对个体生命有利"，理查德·道金斯（Richard Dawkins）在其著作《自私的基因》中普及了该理论。人工生命和社会生物学的发展带动了技术人工物伦理问题的推进，彼特·丹尼尔森（Peter Danielson）提出了"功能性"道德的概念，在虚拟计算机世界中运用程序模拟能导致道德智能体出现的可能性。克里斯多夫·兰（Christopher Lang）通过计算机对理性目标永无止境的追求学习道德为核心，运用计算机的"爬山"或"贪婪搜索"算法，研究基于机器学习的人工智能体进路的可能性。

然而,技术内在关系的治理路径同样存在瓶颈。技术人工物的内在进化和学习的过程比较缓慢,自身学习能力存在很多不确定性。其中,主要原因在于人类无法判断进化目标和进化方向,不清楚何种技术内在路径可以预判较少产生道德困境。因为技术自学习的过程中存在这样或那样的技术突变,我们不确定技术人工物在学习的过程中出现的错误能否承受。同样,出发点也受到质疑,用道德伦理困境转化为技术,限制并治理技术发展过程中的伦理问题是否合适,是否会重新回到阿西莫夫三定律,用更宽松的标准衡量技术内在路径的准则等诸多不确定因素被提出。

另外,技术内在关系的治理路径的实施主体是以技术专家为主导,该治理路径一定程度上属于技术专家治国论的延伸。用技术治理技术内在的伦理问题,需要分阶段看待。当技术问题未曾转嫁至社会伦理层面时,采用技术治理自身存在的问题,仅仅是技术修复和更新迭代的层面,基本上可以解决,但显然这并不是所讨论的范围。当技术问题上升至伦理问题时,利用技术解决显然脱离了技术语境,面对更为复杂的社会化的伦理困境,试图用技术消解日常生活世界的伦理困境,显然力不从心。当一项技术问题转嫁至社会中时,已经脱离了技术本身,将成为社会性的问题。以技术专家为主导的技术治理路径,存在与现实问题脱节的语境。专家们沉浸在开创性的科学见解之中,经常低估混杂的社会技术系统的复杂性,其中人与非人因素之间的不明动态和反馈,常常击溃实验室预测中的精准度。

但这并不妨碍技术内在关系治理路径在治理过程中产生积极作用。技术内在关系无法消解技术产生的伦理问题,但可以转移或者延迟技术伦理问题的发酵场所和时间,同时以技术人工物设计辅助伦理问题的解决。

6.4.2 混合式系统的治理路径

混合式系统的治理路径在技术人工物设计中起到了理论指导作用，在实践层面也逐渐显露出积极意义。温德尔·瓦拉赫（Wendell Wallach）和科林·艾伦（Colin Allen）在其著作《道德机器：教导机器人分辨是非》中提出了三种治理路径："自上而下""自下而上"和混合进路，这三种治理路径称为混合式系统。"自上而下"路径是指采用理论指导技术人工物的模式，通过计算的限制条件实现道德机器化运作的目的。"自下而上"路径是从技术人工物周围环境出发，探索其道德化的行为方式。混合进路则是综合以上两者的路径，结合美德理论选择性的技术治理。前一种进路是将美德视为可编入系统的特性编码；后一种进路源于对现代"联结主义式"的连接网络，它基于美德的伦理系统，并将内外路径相融合。三种路径组合了自下而上式的数据驱动学习和进化方式，自上而下式的理论驱动做决策，以及两种路径混合方式。

混合式系统的治理路径一定程度上属于工程师和伦理学家两种视角综合考虑的一种治理方法，在技术人工物的具体问题上做出筛选，并达成某些建设性的共识。对于工程师而言，将技术人工物的伦理问题用类似"转译"的方式转换成一个额外的限制，就像其他一些需要满足的程序中的限制一样。但问题在于"转译"的过程，涉及对双方"世界"伦理困境流通的"汇率"，正像汇率的动态现状一样，"转译"也具有隐匿的动态性。保罗·丘奇兰德（Paul Churchland）认为，自上而下的伦理进路是建立在找出或表征做道德决断的一般或普遍原理的基础之上。但有些持伦理学"特殊论"的学者则认为，容许行为发生的情景细节是异常丰富的，因而不可能将其总结为普遍的道德原则。而联结主义是对负责行为的突现进行建模的策略，通过简单网络单元进行联结形成网络模型，常用在人工智能神经网络分析的研究中。

另外，斯坦·富兰克林（Stan Franklin）基于该种治理路径建立了学习智能匹配代理（LIDA），其建立在全局工作空间理论（GWT）之上，用以应对道德情感、记忆、推理和学习等复杂的计算机智能体。在该智能体的工作空间内，既能接受外在的感官输入，也能接收内在的感官输入，感知对象与记忆之间形成联结。例如，一张熟悉面孔的感知可能提示了智能体对一个人的名字进行回忆，还要回忆该智能体与那个人的互动和情感等，这些回忆都被储存在内存中，当遇到对应的面部特征时，该技术人工物的记忆和情感将被唤醒，完成面部特征匹配人的指令活动。

一方面，混合式系统设置了更开元的"道德代码"，用以限制宽泛和不确定的道德行为属性，重返至希腊哲学时期的美德伦理，将美德定义为混合式系统的重要治理依据。亚里士多德（Aristotle）首次提出了美德伦理学，讨论人类如何知道哪些行为习惯是向"善"或"幸福"的问题，通过人类生活特定细节的推演，从手段和目的之间的联系推演，从具体要做的事情与想要实现的目标之间的联系推演，通过知觉、归纳与体验获得人类行为中"善"的答案。技术人工物可以将此行为联结至设计者预先构想规划的一个伦理代码中，基于逻辑的软件工程路径，进入特定的道德活动情景，执行某项道德行为。

另一方面，混合式系统的治理路径具有其自身的选择性制约。首先，对于开元的"道德代码"选择具有不确定性。亚里士多德（Aristotle）的"善"或是康德（Kant）的"美德"标准具有不确定性，对于现代性意义上的"道德善意"失去了解释的有效性，任何个体无法在古典哲学经典框架的美德定义下活动，其内涵失去了现实的约束性。试图在一种不确定性的标准下技术道德化，显然存在先天选择性的缺陷。其次，美德与联结主义中均有情景敏感性，弥合自上而下和自下而上的缺陷，但如何验证所获得的行为是美德，或美德的标准是什么，成为此治理路径的不确定因素，无法简单地量化至技术人工物中，仅仅停留在价值感知的层面。技术发展程度无法对形形色色的情感化的价值做到真正意义上的转译，仅能对简单的情感价值和情感表征进行定义式的处理，更深层次的道德价值无法通过这种程序自定义的方式实施。被写入的道德约束的标准不具有唯一性，存在多元的道德规范和价值观。

但本研究认为，混合式系统的治理路径可以在高技术人工物的设计中起到道德引导作用，尤其现阶段对于人工智能技术、基因编辑技术、纳米科学技术、生物技术、信息技术和认知科学等相关会聚技术层面，虽然这种作用更多来自理论层面的指导，短期内实践层面欠缺现实意义。然而，这并不妨碍这一指导思想从中起到推动意义，仅仅是时间和科学演变路径的问题。伴随科学技术和科学文化的发展与酝酿，在既有的混合式系统的治理路径思想之上，会发展出一种真正现代意义上的技术道德化设计路径，从"自上而下""自下而上"和混合进路三驾齐驱的系统论视角下的治理进路。

正如温德尔·瓦拉赫（Wendell Wallach）和科林·艾伦（Colin Allen）在其著作《道德机器：如何让机器人明辨是非》中所讲："在构建道德决策机器方面，我们是依然沉浸在科幻世界里，或者更糟，打上那种时常伴随人工智能科学狂想的烙印吗？只要我们还在做着关于人工道德智能体（AMAs）时代的大胆预言，或者还在声称会走路、会说话的机器，将取代目前做出道德指引的人类，只是时间问题，这样的指责就是合适的。"当我们否定技术人工物不具有道德自由时，某种程度上限制了类似人工智能技术的发展，被人工智能体无法为其行为负道德责任的伦理陷阱局限。责任和道德不能够在司法体系混为一谈，人工智能体有足够的信息量、智能程度和自治能力，只是技术人工物道德自由程度和技术发展时间问题。相反，将技术人工物的道德自由概念纳入新型伦理学范畴，更有利于新兴技术的快速发展，从技术产生便植入道德自由与责任，对趋同于人类的技术人工物发展更有利。

6.4.3 价值敏感设计的治理路径

价值敏感设计的治理路径是现阶段运用最为广泛的方式，具有极强的时代价值。价值敏感设计是一种基于理论层面的技术设计方法，通过概念调查、经验调查和技术调查三种研究方法路径，将道德价值贯穿在整个技术设计过程中，由技术哲学家芭提雅·弗里德曼（Batya Friedman）提出并引入到技术物的技术设计与道德治理当中。价值敏感设计主要聚焦在虚拟技术人工物的技术伦理治理，被视为信息与计算机系统的设计方法，在网络完全、知情权、隐私权、人与机器人的关系等具有规范前摄的作用，在技术人工物的技术治理中，同样具有适用性和指导意义。

价值敏感设计的特征可以概括为互动视角（interactional perspective）、三种构成方法（tripartite methodology）和直接或间接利益相关者（direct and indirect stakeholders）。其中，三种构成方法包括概念上的调查、经验上的调查和技术上的调查，通过三种迭代研究的方法用互动的视角和利益相关者关系，在整个设计过程中以有原则和系统性的方式阐释人类价值。价值敏感设计方法的核心是对直接和间接利益相关者的分析，具体包括设计者价值、技术明确支持的价值和利益相关者价值之间的区别判断，个人、群体和社会的分析水平，整合和迭代的概念，技术和经验研究，对技术进步的负责。

价值敏感设计的治理路径，在弱技术人工物和中等技术人工物设计层面具有极高的指导价值。价值敏感设计结合了市场经济价值的经验，以使用者为设计行为导向，针对性地设计具体的技术人工物，如安全带、红绿灯等现实生活中常见到的技术人工物。该种技术治理路径倡导的理念可概括为"设计即治理"，其技术功能便是伦理功能，设计技术人工物的第一目的性，便是伦理约束和道德规范。因此，该技术治理路径也被称作"进行时的道德警察"，它实现了真正意义上的"物律"进行时，弥补了道德"自律"的弱约束性和"法律"制裁的滞后性，以及时存在的道德约束力，治理着人类的日常生活世界，规范着人类的道德行为。

另外，价值敏感设计的技术治理路径，在多种技术人工物领域得到了推广和拓展。杰罗恩·霍温（Jeroen Hoven）将价值敏感设计引入到信息技术人工物的领域。曼德斯·胡特思（Manders Huits）在芭提雅·弗里德曼（Batya Friedman）价值敏感设计的基础上，提出了价值自觉设计（value conscious design），约束设计者在技术过程中的伦理行为。乔布·缇莫曼斯（Job Timmermans）将价值敏感设计引入到纳米药物领域，探讨药品与人类健康安全、医疗公正和医患关系等议题。

但价值敏感设计的技术治理路径也存在不足。一方面，价值敏感设计存在一定的模糊性，仅仅从认识论的角度进行技术治理，其实践层面更多依靠技术内在进路和混合系统中的治理手段；另一方面，对于价值的概念标准欠缺一定的衡量和刻画，不同的价值体系对技术人工物的治理存在不公平现象。

同样，价值敏感设计的技术治理路径具有一定局限性。相较中、低技术人工物的技术治理而言，在高技术人工物领域中其技术治理能力效果相对较弱，丧失了其"设计即治理"的治理效果。造成该境遇的原因有两点。其一，价值敏感设计的技术治理路径自身有其适用性。价值敏感设计依托技术人工物的部件自身属性进行不同程度的调节设计，如隔离带类的强制式调节设计、小便池苍蝇贴类的引诱式调节设计、油表盘类的劝导式调节设计等。少量技术人工物部件完成某项或几项道德行为约束，一旦道德行为变得复杂化，技术人工物的部件将会增加甚至成倍数地激增，给技术人工物设计本身增加了挑战。部件与部件间属性存在不均衡性，造成技术治理效果减弱，甚至成为道德治理的虚设装置。其二，高技术人工物的技术组件更为庞大和复杂，单纯从技术设计层面无法达到预期效果，往往需要结合更多技术治理路径，如混合式系统的治理路径。甚至高技术人工物的技术治理路径只能从系统论的角度入手，无法从价值敏感设计的层面入手。在处理高技术人工物的伦理问题时,价值敏感设计仅仅作为参照路径,无法深入处理复杂的技术伦理问题。但价值敏感设计的技术治理路径以其自身的治理广度和宽度,给人类日常生活带来了实际的道德规范作用。

6.5 "技术治理"案例诠释:基因编辑婴儿

随着生物技术和生命科学的发展,技术设计涉猎的领域逐渐拓宽至人类自身,产生了如基因编辑、试管婴儿等高技术设计人工物。通过人为参与的技术设计方式,改变人类孕育、基因健康等存在状态,产生了新兴探索型的技术人工物,用于应对未来不可知的全球气候变化、人类健康和技术危机等问题。

其中,基因编辑婴儿属于第三代试管婴儿技术,是指通过基因编辑技术修改人体胚胎、精子或卵细胞细胞核中的 DNA 后生下的婴儿,属于高技术人工物的技术设计范畴。基因编辑婴儿存在改变人类基因库的技术危机,存在引发社会危机的伦理风险。因此,基因编辑婴儿不仅仅是一项技术创新,更是科学、技术与社会融合的产物。

"基因编辑婴儿事件"是南方科技大学副教授贺建奎利用 CRISPR/Cas9 技术,对人类胚胎的基因 CCR5 编辑修改,以抵抗艾滋病病毒 HIV 的后天入侵。2018 年 11 月一对名为露露和娜娜的基因编辑婴儿健康诞生。同年,《自然》杂志将贺建奎评选为 2018 年度影响世界的十大科学人物。其研究成果受到同行的质疑,引发科学界和社会各界的广泛关注。科学界的科学家质疑其基因编辑婴儿技术仍未成熟,存在胚胎发生脱靶的风险,不应该进行生殖细胞的基因编辑临床试验,可能引发严重的技术伦理危机。社会各界则关注其基因编辑婴儿试验引发的伦理危机,如对受试者个人的知情同意权和自主权被干预产生不满,对基因编辑婴儿的成长产生担忧,更深层次的是对人类基因库的不可控性产生忧虑。

随后,科技部、中国科协生命科学学会联合体、国家卫生健康委员会等相继发声，并成立"基因编辑婴儿事件"调查组展开调查。2019年12月30日深圳市南山区人民法院一审公开宣判，贺建奎等3名被告人因共同非法实施以生殖为目的的人类胚胎基因编辑和生殖医疗活动，构成非法行医罪，被依法追究刑事责任。

6.5.1 科学价值与公共责任的失衡

"基因编辑婴儿事件"不仅给技术人工物设计者敲响了警钟，也为全人类发出了预警。在探索科学技术真理的同时，需要遵守科学自身的发展规律，时刻警惕科学伦理规范与科学价值边界。"基因编辑婴儿事件"反映出以下几个问题。

第一，科学功利主义和利己主义泛化。在"基因编辑婴儿事件"中，存在多处个人行为主义和科学审查形式主义的现象。贺建奎在中国临床试验注册中心完成了注册，伦理审查方和试验地点均为深圳和美妇儿科医院，但该医院负责人指出伦理审查书为个人伪造，医院没有与贺建奎进行合作。另外，2016年3月至4月，贺建奎以基因编辑实验的名义，通过艾滋病感染者互助组织"白桦林"招募了8对携带艾滋病病毒抗体的夫妇受试者，该过程并没有相关的单位介绍信和审批手续，完全以个体科学工作者的身份进行。贺建奎进行基因编辑婴儿技术设计的背后，是个体社会价值观认识的扭曲，用想当然的个体价值代替公共责任价值，严重缺失公共社会责任的承担能力。另外，贺建奎、伦理审查单位和监管单位的伦理审查认知缺失，弱化了伦理审查的规则，用形式主义式的审查消解公众责任与义务，当受到社会舆论和科学同行质疑时，采用利己主义的说辞，拒绝承担相应的责任与义务。技术设计者一味地追求科学成果利益，忽视了科学共同体遵循的伦理规范，将人类推至未知的技术风险中，引发社会伦理责任的信任危机。莫要因为个体的科学认知，将人类推向永不停歇的科学高速列车，当前方遇到障碍物时，却忽视了刹车的能力，在错误的道路上越走越远，给全人类的生命安全带来危机。

第二，科研伦理与科学道德的意识淡薄。值得注意的是，在"基因编辑婴儿事件"初期，面对各方质疑与反对的声音，贺建奎制作了 5 段视频上传至 YouTube 和优酷平台上，试图解释自己对基因编辑婴儿的看法。贺建奎认为，编辑婴儿属于基因手术，可以拯救儿童免受艾滋病毒等疾病的威胁，否认"定制宝宝"一词的说法。另外，整个视频解释了 CCR5 基因编辑的原因、减少镶嵌现象的方法以及应对脱靶现象的方法，科学技术设计的解释占据主要篇幅，对社会伦理问题的回应相对有限。从科学主义的角度，该实验具有一定的科学推进作用，但违反了科学精神和伦理道德，丧失了科学家的公共责任与科学价值。虽然基因编辑婴儿项目经费途径不受资助方约束，但这并不意味着可以突破科研伦理的基本规范，使科学道德沦陷至不法犯罪的原罪，以科研之名为自身设定个别主义，逃脱应有的责任与义务。公众对科学及科学家的信任与尊重是双向的，科学研究的边界需要每位科学家来维护。当科学的边界逐渐被破坏，科学阵地也将面临沦丧，这对科学家和人类而言都是巨大的损失。利用技术知识异化技术本身的道德功能，丧失了科研伦理与科学道德，漠视了个体利益与公共责任之间的连带关系。

第三，受试者知情同意权和自主权受到侵犯。"基因编辑婴儿事件"中，贺建奎伪造了伦理审查书，招募了 8 对携带艾滋病病毒抗体的夫妇受试者，指使个别从业人员违规进行人类胚胎基因编辑，并植入志愿者母体，最终 1 名受试者成功怀孕后，生育一对双胞胎女婴，其余受试者均未怀孕。在此过程中，贺建奎仅将基因编辑婴儿已知的技术风险告知受试者，忽视了基因编辑的未知风险，并在社会舆论监督下引发了连锁效应，严重侵犯了受试者的知情同意权和自主权，违背了科研诚信和伦理道德。对基因编辑诞生的婴儿而言，存在未知的社会生存压力，许多隐性的社会竞争和社会资源进入一种不公平性的进程中。而基因编辑婴儿无法选择，只能被迫接受这些未知。反之，对未进行基因编辑的孩子存在不公平，这种通过基因编辑"定制婴儿"的手段,无形当中对人种进行人为选择,会引发连锁的蝴蝶效应,引发技术权力控制世界的风险,有较强的沦丧为资本奴役人性世界的现实可能。

6.5.2 多元行动者技术监督的缺失

本研究依据"基因编辑婴儿事件"的前后关系,将该事件中的技术行动者、社会行动者和元层面行动者,分为基因编辑婴儿前行动者和基因编辑婴儿后行动者两部分(见图6-4)。

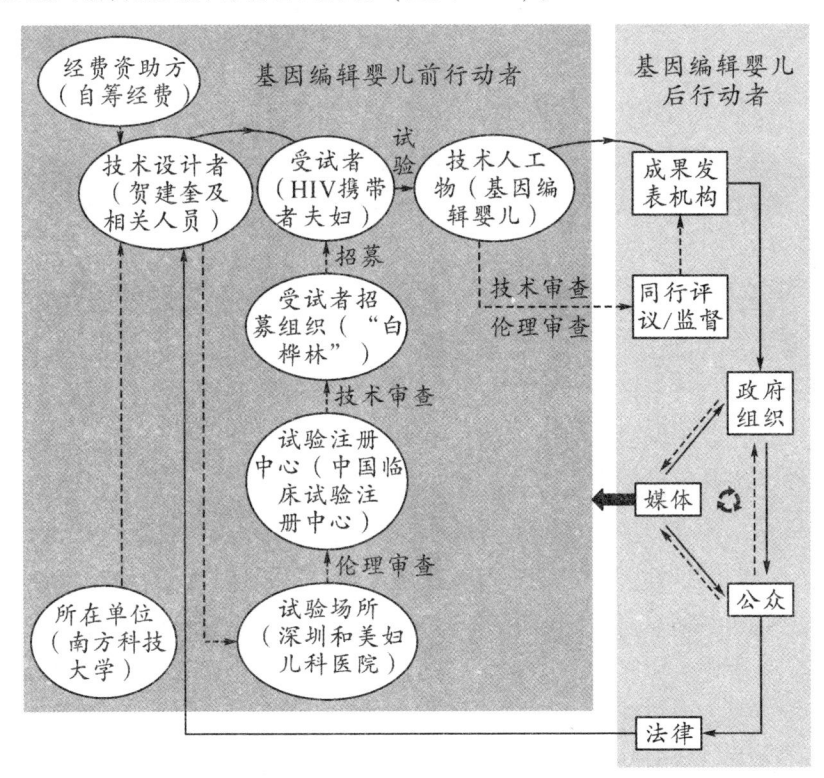

图6-4 "基因编辑婴儿事件"中行动者过程关系图

基因编辑婴儿前行动者包括:

(1) 经费资助方:自筹经费;

（2）技术设计者：贺建奎及相关人员；

（3）受试者：8对携带艾滋病病毒抗体夫妇；

（4）"技术人工物"：基因编辑婴儿"露露"和"娜娜"；

（5）受试者招募组织：艾滋病感染者互助组织"白桦林"；

（6）试验场所：深圳和美妇儿科医院；

（7）试验注册中心：中国临床试验注册中心；

（8）所在单位：南方科技大学。

基因编辑婴儿后行动者包括：

（1）成果发表机构：第二届国际人类基因组编辑峰会；

（2）同行评议/监督：同行科学家；

（3）政府组织：科技部、中国科协、国家卫生健康委员会等；

（4）媒体：国内外多家媒体机构；

（5）公众：关注、参与的公众；

（6）法律：法律制裁。

"基因编辑婴儿事件"行动者之间存在几组严重技术监督失职现象。

首先，技术设计者贺建奎及相关人员，未经过试验场所的真实伦理审查，欺骗试验注册中心的技术审查，直接跃迁至受试者层面进行试验。为其提供伦理审查的深圳和美妇儿科医院否认对该实验进行伦理审查，没有切实的证据证明真伪，但随后经澎湃新闻报道该医院为"莆田系私立医院"，其伦理审查程序存在严重失实情况，如今已盖棺定论。其中利益纠葛模糊不清，留给公众的是其漠视科学共同体公权力，科学技术程序丧失科学性，技术伦理审查程序严重失实，造成严重的社会伦理问题。

其次，基因编辑婴儿成果未经过同行评议便对外公开发表。第二届国际人类基因组编辑峰会组委会对该成果筛选，存在一定的失职行为，违反了探索性科学知识常规的同行评议和监督的制度。技术评议与监督的权利缺失，无形之中放大了基因编辑婴儿的技术伦理问题。

这对科学知识的成果创新起到了不良示范作用，破坏了既有科学共同体的学术发表共识，消解了同行评议的监督权，对公众理解科学造成很多困扰。

再次，政府组织、媒体和公众等行动者置身技术监督和伦理审查职权之外，造成技术伦理问题发生后，集体茫然或"一边倒式"地批评，未形成建构式的技术治理作用，法律成为平息不同行动者间怒火的最后筹码。产生这种现象的原因是采用外在的技术治理路径，无法做到防患于未然，以局外人第三者的身份，"盲眼"看待技术发展过程。同时也反映出我国科学管理机制的欠缺、监督机制的不健全，没有做到专业人管理专业事，科学管理主体和监督主体责任混乱。东窗事发后，完全依赖外部技术治理路径，忽视了技术内部的管理和监督职责。

透过"基因编辑婴儿事件"发现，技术审查和伦理审查的行动者单一，技术监督权没有主体，科学技术监督审查机制仍未建立，凭借"法律"的惩罚机制亦是亡羊补牢。需要从以下两个方面进行改进。一方面，建立依托技术内在关系进路的技术治理路径，做到技术设计的同时进行"嵌入式"的技术监督，保障技术创新与监督呵护同时进行，保证技术人工物设计环节中的每位行动者均有技术监督权。针对不同程度的技术监督审查行动者赋权配值，针对不同性质的技术设计细分技术监督级别。另一方面，建立混合式系统的技术治理路径，通过"自上而下""自下而上"和混合进路三种方式，深入到每项技术设计的全过程中，以渗透式的方式进行技术监督和伦理审查。

6.5.3 技术治理路径的不完善

"基因编辑婴儿事件"的技术治理手段是多方面的，从最初技术设计者在第二届国际人类基因组编辑峰会发表成果后，受到同行科学家的质疑和反对，引起了媒体和公众的关注，到政府组织介入调查，到最后受到司法机关的法律制裁，仅仅在技术人工物设计产生后进行技术治理，采用了技术外在路径的治理方式，存在严重的滞后性，无法弥补基因编辑婴儿开启人类基因修改大门的事实。产生这种技术治理路径的原因有以下几点。

第一，公众参与技术治理的权利被消解。在科学同行和公众舆论推动下，"基因编辑婴儿事件"的真相逐渐被公众熟知。从2016年6月开始至2018年11月27日，整个基因编辑婴儿的技术程序、社会程序未曾被同行、社会媒体关注，均是在"黑箱"状态下实施，直至在第二届国际人类基因组编辑峰会以报告的形式发表，受到同行质疑后才被披露。公众参与科学的缺失，一定程度上是造成其危害公众自身利益的重要原因之一。贺建奎通过自筹经费的途径进行基因编辑婴儿实验，认为没有义务向公众解释基因编辑婴儿的事实，秉持着科学研究自由的科学价值观，沉浸在自身义务与权利关系的世界中。但公众是基因编辑婴儿试验成功后的成长环境圈，是科学技术成果转化的实践场，公众应该知晓该技术设计对公众产生的潜在危险性。高技术人工物的设计话语权中，行业内常常默认公众没有足够的科学知识，对科学技术没有推动作用，公众参与权逐渐被一层层消解。然而，公众参与的程度和形式具有多样性，过分地消解必然造成严重的隐患，演变成更深层次的人类生存危机。

第二，技术内在治理标准不统一。基因编辑引发的技术内在治理问题存在分歧，人类未曾掌握"基因密码"的全部，基因修复存在潜在风险性，短期内人类认定某项基因是"坏"的，但人类无法预测未来该基因存在的潜在作用。例如，在食不果腹的年代，肥胖基因是人类生存的优势，但如今显然已有了改变。倘若人类基因编辑技术的大门被打开，人类的基因库将会被重新洗牌。但是今日被定义"坏"的基因有可能成为明日"好"的基因，世界上没有"好"与"坏"的基因，只有适应环境的基因。这是否意味着人类应该主动放弃基因编辑技术？技术的发展改变着基因自适应的环境，基因时刻处于发展变化中，显然单纯地放弃基因编辑技术，毫不作为，是不现实的。基因编辑婴儿违反了技术内在的审查机制。贺建奎利用不道德手段，借他人之手伪造伦理审查证书，通过不正当途径招募8对携带艾滋病病毒抗体夫妇进行试验，蓄意逃避监督审查，缺少科学共同体的监督和审查，引发了严重的社会伦理问题，增加了人类生存的未知风险。基因编辑是历史发展的必然，但这并不意味着人为主观地干预基因序列，需要有完备的技术内在审查机制，尽可能将未知风险降低至可控范围。因此，基因编辑的大门不能轻易被打开，需要业内科学家共同监督，审慎开展基因编辑工作。

第三，技术外在治理路径约束力较差。"基因编辑婴儿事件"暴露出，我国对于高技术设计和应用的监督存在很多疏漏和不到位的地方。尤其是"基因编辑婴儿事件"中，贺建奎可以顺利拿到伦理审查书，并在中国临床试验注册中心注册，在深圳和美妇儿科医院实施基因编辑婴儿，整个过程审查机构严重失职。现阶段，对高技术人工物设计的监督与审查，完全依附于事后的法律追责，前期嵌入式的监督与审查形同虚设，不存在实质性的约束力，科技政策和操作规范存在与时脱节的现象，严重影响科学技术的快速发展。另外，多元行动者间的协同审查机制存在隔阂，存在科学信息间沟通障碍、信息不对等问题。需要对科技体制的技术治理路径进行疏通和改革，建立更高效、完善的技术内在审查机制。科学研究可能没有边界，但科学的应用一定存在"人性"的限制，倘若一味追求科学边界，而忽视"人性"的辉煌，人类迎来的将是"黑暗"的技术统治。

6.6 本章小结

本章在技术人工物设计的"去中心化"语境、技术人工物的道德意向性和技术人工物设计的"物律"方式的基础上，对技术人工物的责任与价值范围、责任分配和"美好生活"的塑造进行了细分和论述，尝试性地针对技术行动者、社会行动者和元层面的行动者进行建构性技术评估，并对技术人工物设计伦理中的问题进行反馈。与此同时，公众参与式的责任消解、多元行动者的共享和社会契约的公平合作，保证了技术人工物设计治理的调节反馈。最终通过技术内在关系的治理路径、混合式系统的治理路径和价值敏感设计的治理路径进行技术治理，保证技术人工物设计伦理转向的完整治理系统。最后，通过"基因编辑婴儿事件"的分析，具体诠释了技术治理中技术人工物设计的责任与价值间的关系、行动者间建构性技术评估的内在机理，以及技术治理路径的选择方式等问题。

第7章 结论与展望

7.1 主要研究结论

本研究期望紧跟科技发展的前沿步伐,探讨科学、技术与社会中新出现的技术伦理具体问题,结合技术伦理的演变现状,从理论基础出发,进行文献梳理、归纳推理、技术还原、个例枚举,深化和探究技术人工物设计伦理转向的内在关系。从技术人工物的角度切入,探究其设计伦理转向的"去中心化"情景、道德意向性、道德自由、道德中介作用、"物律"的设计方式以及技术治理的路径。研究过程中结合了中西方的现实语境,分析了技术人工物设计伦理转向的情景的区别优劣,系统地探究了技术人工物设计伦理转向这一研究主题。

本研究的主要结论可以分为以下几点。

第一,技术人工物从"人本"走向"去中心化"模式。

随着科学技术的发展,尤其是受到以互联网为首的信息技术革命的影响,原来自上而下的"中心化"技术路径,转化为多个中心焦点的"去中心化"的技术路径,实现了万物互联、互为中心、彼此交互式的技术思想。打破了笛卡尔(Descartes)主客"二元论"的强纲领框架,采用拉图尔(Latour)"语义上行"的方式,消解了人作为主体、技术人工物作为客体的模式,开创性地定义了"人"与"非人"的行动者网络,将技术人工物纳入"非人"的行动者网络中,促使技术人工物成为技术物化的"去中心化"的技术模式。从"人—机器"的身体解放、"视觉"扩展至"知觉"的身体经验、多元"人本"的崛起，逐渐经历了技术人工物的"去中心化"的前置思想积淀，从技术人工物设计的"人本"孕育，到技术人工物的"非人"的产生，再至"非人"的扩展，奠定了技术人工物设计伦理转向的诞生。

第二，技术人工物具有道德意向性和阶段性的道德自由。

技术人工物在技术现象哲学的范畴内具有道德意向性，为后续技术伦理治理预留了讨论的空间，保留了技术人工物的道德约束"插口"，用一种概念和理论双重倒置的方式，破解了传统技术哲学的桎梏。采用技术道德意向性的理论铺垫，在技术现象学的众多研究成果中，打通了技术存在道德的可能性，认为技术人工物具有一定程度的道德意蕴或道德意向性，并围绕技术人工物的道德主体的自由、技术权力的自由和物准则的自由展开了辩证思考。本研究认为，弱技术人工物的道德自由在弱准则自由规范下具有一定限度，在人的参与下得到了某种程度上的释放，人与弱技术人工物形成第三种结合，即"持存者"的中介身份。而强技术人工物的道德自由在强准则自由的规范下，具有行使其道德自由的可能性。人类出于对其控制能力的限度，允许部分强技术人工物发挥其道德自由的意向性和能动性，但始终要保持在人类视线的范围内，避免造成更大的伦理问题。技术的道德自由以技术人工物为道德中介，发挥其道德中介的"放大"与"缩小""居间调节"和"异化"作用，以此为基础展开了技术人工物作为道德主体或道德代理人的道德行为探讨。

第三，技术人工物设计伦理转向"物律"的方向。

技术人工物设计伦理转向是技术哲学研究历程中，继"面向社会"（society-oriented）的第一次经验转向（ET1）和"面向工程"（engineering-oriented）的第二次经验转向（ET2）后的第三次转向，逐渐产生了以技术人工物为中介的"物律"技术设计与治理的道德约束方式。通过设计者的道德敏感性捕捉与识别、情感投射与移情、创造性想象与超越，运用设计与使用的仿生设计的情景模拟、虚拟与现实的情景模拟和设计价值的情景模拟，并运用技术设计的强制式调节设计、引诱式调节设计和劝导式调节设计的具体手段,针对性地设计出道德化的技术人工物,用该技术人工物来约束日常生活世界中人类的行为,转向以技术人工物为道德律的"物律"方式,消解了"自律"的弱约束性、"法律"的惩罚滞后性,用一种全新的技术设计思维,诠释了技术人工物设计的现代意义。

第四,技术人工物设计的责任与价值需要更加细分和多元。

技术人工物设计的责任与价值存在多种不同的观念,存在以"责任"为道德活动的核心和"责任—义务"双重并进的价值体系。然而,高技术人工物在"责任"层面的履行能力,无法具有与人类同等层面的意义,缺少"责任—义务"的对立统一关系。本研究针对技术人工物设计和使用的全过程中的行动者具体细分和探讨,对设计者与使用者、制造商和分销商、第三方以及技术人工物本身进行系统的"问责"。究其根本,技术人工物设计的责任与价值是基于特定情景产生针对性的责任,发挥一定的价值能力。不同"人"与"非人"的行动者单元应该承担其特定情景内的责任与价值。然而,技术人工物的责任与价值存在特定情景的分裂性,弱技术人工物的责任与义务关系基本上由"持存者"承担。但高技术人工物在发挥其价值的同时却丧失承担责任的能力,技术程度越高,承担责任的能力越弱,无法用"没有责任就没有刑罚"的法律保护屏障,短期内无法对高技术人工物问责。因此,技术人工物设计的责任与价值需要更加细分和多元,承认高技术人工物的"自然人"的路径,保留法律与技术间的问责空间。

第五,技术设计治理问题需要多元化的解决路径。

技术人工物设计伦理转向的治理具有多元性。本研究在深化前人基础的同时,融入了笔者的观点,通过归纳推理的逻辑脉络,依据关系论、系统论和建构论的破解思路,将技术人工物的技术治理分为三种路径,即技术内在关系路径、混合式系统路径和价值敏感设计路径,分别代表了三种不同的指导思想。本研究认为,技术内在关系的治理路径，适合技术人工物设计伦理技术层面的伦理问题治理，当技术问题转移至社会层面时，需要采用混合式系统治理路径进行指导。广泛的日常生活世界中，技术人工物设计伦理的"物律"的执行层面，更多采用价值敏感设计的治理路径，最大化地实现了"物律"的内核，即"设计即治理"的道德行为约束。三条技术治理路径是不同程度、不用情景下的技术治理保障，具有各自的适用性和多元性，无法用单一的价值好坏进行判断，需要在合适的使用情景和技术评估后，进行理性的选择。

7.2 研究不足与展望

7.2.1 研究不足

尽管本研究在技术人工物设计伦理的多个层面展开了一定程度的探讨，并按照一定的逻辑关系，系统地研究了技术人工物设计伦理转向。但时刻发展和变化中的技术人工物的相关问题远远不止这些，需要研究和探讨的空间很广阔。本研究仍有很多局限性和不足，具体表现在以下几点。

第一，研究方法层面存在一定的局限性和适用性。在本研究开展的初期，对于哲学学科是否采用实证方法存在些许困惑，曾与导师和多位相关专业领域老师探讨科技哲学是否有必要采用实证研究的方法。最终采用了技术还原法和归纳推理法，结合部分案例研究展开探讨。由于研究主题技术人工物设计伦理是抽象的哲学概念，属于中观层面的研究，因而在哲学研究范畴内采用经典哲学研究范式方法，即技术还原法和归纳推理法更为合适。但其针对具体的技术伦理问题具有一定程度的局限性和适用性，缺少了一定程度的实证佐证成分，稍微有些遗憾。希望在今后聚焦某一具体技术伦理问题案例研究时，融入一些实证层面的佐证。

第二，本研究跨学科成分内容融合方面仍需完善。本研究属于技术哲学和技术伦理学的交叉主题，也存在科学、技术与社会（STS）的部分影子。在研究过程中发现，其复杂程度远远超出预先的设想，需要站在更多前人研究成果的肩膀上看待这一问题，从多个角度审视技术人工物设计伦理转向的内涵及发展问题，既要有哲学层面的思辨，又需要有接地气的现实层面的当代反思。因此，在综合多个学科的研究观点基础上，重新塑造技术人工物设计伦理转向这块"自留地"。在圈定范围内进行融合和探讨时，所运用的研究观点与本研究主题具有一定的局限性，需要更深入地探究元典观点的内在逻辑的适用性和局限性，避免不同观点间的不兼容关系，仍需继续努力探究与学习。

第三，研究主题的内容分析方面有待进一步深化。虽然本文已经建构了一个相对完整的研究主题范围，并尝试展开了全景式的剖析和展示，但由于个人研究能力和水平的局限性，研究内容分析层面仍有许多不满意的地方，有待继续深化和探究，在开展研究的过程中衍生与技术人工物设计伦理转向相关的问题，不断地聚焦于某个专题领域的研究，有待下一阶段继续深挖。

7.2.2 研究展望

本研究通过技术人工物的"去中心化""技德""物律"和"技术治理"的几个方面，进行了深入的、系统的研究与探讨，得到了一定的成果。希望在下一步的研究工作中继续推进，具体展望如下。

第一，技术人工物的"物律"与"法律"的可能合作形式。

本研究在技术人工物设计伦理转向的基础上，以"物律"的视角切入，发现研究过程中，存在很多与"法律"层面的对接的"插口"，尤其是道德约束性和技术设计治理层面。面对弱技术人工物的公共契约关系下的法律制约，以及高技术人工物技术治理的法律依据等，不同程度地需要"法律"的介入，以建构更为完整的道德伦理生态，满足人类对不同技术人工物日益增长的社会需求。

第二,道德化的技术设计能否引入市场价值的指导?

技术人工物设计的道德价值是基于人类道德公共准则而言的,内涵和形态较为隐晦和抽象,没有完全统一的标准。但这正是道德价值的基本形态,其在不同的情景发展中,始终处于不断变化的状态。将道德价值植入技术人工物中,存在一定程度的局限性和适用性,植入道德价值的内容和方式同样存在不确定性。是否可以引入市场价值辅助道德价值联动的技术设计机制,满足技术人工物的功用性的同时,引导技术人工物走向"善"的设计层面?

第三,技术人工物设计伦理塑造"美好生活"。

技术人工物设计的伦理转向,将人类引入"设计即治理"的道德设计活动,一定程度上缓解了人与世界间的相处关系,对于"美好生活"的塑造起到了积极作用。有待进一步深入研究技术人工物设计伦理的内在塑造机理,更好地深化技术人工物对人类的"美好生活"价值。

最后,在技术人工物的价值与责任设计初期,需要对其进行监督和治理,用于改善人类美好生活状态。尽管现阶段技术人工物的伦理问题大部分仍归责为人类,但随着科技法律的逐步健全、技术设计内部结构的逐步完善,社会保障体系和监督机制逐渐提升,技术人工物中伦理问题的责任承担者变得更加细分。我们允许类技术人工物的价值与责任在某一阶段脱离人类的控制,但人类应该从技术治理的角度持续完备控制其变化的能力和方案,以积极应对的态度和治理措施去创造性地解决科学道路上的伦理问题。

参考文献

一、英文参考文献

[1] Ahmed M A , Hoven J V D . Agents of responsibility—freelance web developers in web applications development [J]. Information Systems Frontiers, 2010, 12 (4): 415-424.

[2] Arkin R C , Fujita M , Takagi T , et al. An ethological and emotional basis for human - robot interaction[J]. Robotics and Autonomous Systems, 2003, 42 (3-4): 191-201.

[3] Arkin R C , Ulam P , Wagner A R . Moral Decision Making in Autonomous Systems: Enforcement, Moral Emotions, Dignity, Trust, and Deception [J]. Proceedings of the IEEE, 2012, 100 (3): 571-589.

[4] Arkin R C . Governing Lethal Behavior: Embedding Ethics in a Hybrid Deliberative/Reactive Robot Architecture [C]. Proceedings of the Third ACM/IEEE International Conference on Human - Computer Interaction, 2008: 1-3.

[5] Audi R. The Cambridge Dictionary of Philosophy [J]. Cambridge: Cambridge University Press, 1999: 284-285.

[6] Ariyatum B, Holland R, Harrison D, et al. The future design direction of Smart Clothing development [J]. Journal of the Textile Institute Proceedings and Abstracts, 2005, 96 (4): 199-210.

[7] Latour B. Reassembling the Social [M]. Oxford/New York: Oxford University Press, 2005: 204-213.

[8] Bainbridge W S . Berkshire encyclopedia of human - computer

interaction [M]. Great Barrington: Berkshire Pub. Group, 2004: 769.

[9] Ben – Ary G. Bio – engineered Brains and Robotic Bodies: From Embodiment to Self – portraiture [J]. Robots and Art, 2016: 307 – 326.

[10] Brey P. From Moral Agents to Moral Factors: The Structural Ethics Approach [J]. Moral Status of Technical Artifacts, 2014 (17): 125 – 142.

[11] Brey P. Philosophy of Technology after the Empirical Turn [J]. Techné Research in Philosophy & Technology, 2010, 14 (1): 36 – 48.

[12] Latour B. On actor – network theory: A few clarifications [J]. Soziale Welt, 1996: 369 – 381.

[13] Chen M, Ma Y, Song J, et al. Smart Clothing: Connecting Human with Clouds and Big Data for Sustainable Health Monitoring [J]. Mobile Networks & Applications, 2016, 21 (5): 1 – 21.

[14] Powell C T. Kant's Theory of Self – Consciousness [M]. Oxford: Oxford University Press, 1990.

[15] D'Anjou P. Beyond duty and virtue in design ethics [J]. Design Issues, 2010, 26 (1): 95 – 105.

[16] Mitcham C. Encyclopedia of Science, Technology, and Ethics [M]. Boston: Cengage Gale, 2005.

[17] Dan Dobbs, Paul Hayden, Ellen Bublick. Torts and Compensation: Personal Accountability and Social Responsibility for Injury [M]. St. Paul, MN: West Academic Publishing, 2005, 5: 303 – 307.

[18] Devon R, Van de Poel I. Design ethics: The social ethics paradigm [J]. International Journal of Engineering Education, 2004 (3): 461.

[19] Don Ihde. Experiment Phenomenology [M]. Albany: State University of New York Press, 1986: 67 – 108.

[20] Dorrestijn S , Verbeek P P . Technology, Wellbeing, and Freedom: The Legacy of Utopian Design [J]. International Journal of Design, 2013, 7 (3): 45-56.

[21] Dynamics B. Atlas: The World's Most Dynamic Humanoid [OL]. [2017-11-16]. https://www.bostondynamics.com/atlas.

[22] Floridi L , Sanders J W . Artificial evil and the foundation of computer ethics [J]. Ethics and Information Technology, 2001, 3 (1): 55-66.

[23] Floridi L , Sanders J W . On the Morality of Artificial Agents [J]. Minds and Machines, 2004, 14 (3): 349-379.

[24] Franklin S , Graesser A . A Software Agent Model of Consciousness [J]. Consciousness and Cognition, 1999, 8 (3): 285-301.

[25] Franklin S . A conscious artifact? [J]. Journal of Consciousness Studies, 2003, 10 (4-5): 47-66.

[26] Friedman B, Kahn P H Jr, Borning A. Value Sensitive Design: Theory and Methods [R]. Washington, D. C. : University of Washington, 2002.

[27] Friedman B, Freier N. Value Sensitive Design : Theories of Information Behavior [M]. Medford : Information Today Inc. 2005: 369.

[28] Friedman. Theories of Information Behavior [J]. Value Sensitive Design, 2004: 370.

[29] Gilles Deleuze. Negotiations: 1972—1990, Trans, Martin Joughin [M]. New York: Columbia University Press, 1997: 101.

[30] Glenn Parsons. The Philosophy of Design [J]. Philosophical Review, 2015, 23 (3): 504.

[31] Hamilton D S . Jedediah Purdy. After Nature: A Politics for the Anthropocene [J]. American Historical Review, 2016, 10 (4): 1329-1330.

[32] Hansson S O . Understanding Technological Function

Introduction to the special issue on the Dual Nature programme [J]. Techne, 2002, 6 (2): 87-92.

[33] Houkes W, Meijers A. The ontology of artefacts: the hard problem [J]. Studies in History & Philosophy of Science Part A, 2006, 37 (1): 118-131.

[34] Hoven J V D. ICT and Value Sensitive Design [J]. IFIP International Federation for Information Processing, 2006, 233: 67-72.

[35] Huits N L J L. Designing for Moral Identity in Information Technology [J]. Technology Policy & Management, 2010: 85.

[36] Van de Poel I, Royakkers L. Ethics, Technology, and Engineering: An Introduction [M]. New Jersey, Hoboken : Wiley - Blackwell, 2011, 4: 70-71.

[37] Ihde D. Bodies in Technology [M]. Minneapolis: University of Minnesota Press, 2002: xi.

[38] Indurkhya B. Is morality the last frontier for machines? [J]. New Ideas in Psychology, 2019, 54 (8): 107-111.

[39] Joanna J, Bryson. Why robot nannies probably won't do much psychological damage [J]. Interaction Studies, 2010, 11 (2): 196-200.

[40] Kroes P, Verbeek P. Introduction: The Moral Status of Technical Artefacts [C] // The Moral Status of Technical Artefacts. Dordrecht: Springer Press, 2014: 1.

[41] Kroes P A. Technological explanations: the relation between structure and function of technological objects [J]. Society for Philosophy and Technology, 1998, 3 (3): 18-34.

[42] LEROI - GOURHAN A. Gesture and speech [M]. Boston: The MIT Press, 1993: 317.

[43] Lin P, Abney K, Bekey G A. Robot Ethics: The Ethical and Social Implications of Robotics [M]. Cambridge : The MIT Press, 2011:

3 – 16.

[44] Margalit A. On Compromise and Rotten Compromises [M]. Princeton: Princeton University Press, 2009, 10: 2 – 3.

[45] Mitcham C. Do Artifacts Have Dual Natures? Two Points of Commentary on the Delft Project [J]. Techne, 2002, 6 (2): 10 – 11.

[46] Mitcham C. Thinking Through Technology: The Path Between Engineering and Philosophy [J]. Technology & Culture, 2015, 36 (4): 125 – 128.

[47] Moor J H. The Nature, Importance, and Difficulty of Machine Ethics [J]. IEEE Educational Activities Department, 2006: 18 – 21.

[48] Moor J H. The future of computer ethics: You aren't seen nothin' yet! [J]. Ethics & Information Technology, 2001, 3 (2): 89 – 91.

[49] Nash R. The rights of nature: a history of environmental ethics [J]. Journal of Religion, 1989, 97 (4): 395 – 397.

[50] Park S, Jayaraman S. Enhancing the quality of life through wearable technology [J]. IEEE Engineering in Medicine and Biology Magazine, 2003, 22 (3): 41.

[51] Parsons G. The Philosophy of Design [M]. Cambridge: Polity Press, 2016: 192.

[52] Kroes P, Meijers A. Philosophy of Technical Artifacts. [M]. Netherlands: Delft University of Technology and Eindhoven University of Technology Press, 2005.

[53] Kroes P, Meijers A. Reply to Critics [J]. Techné: Journal of the Society for Philosophy and Technology, 2002, 6 (2): 34 – 43.

[54] REST J R, NARVAEZ D. Moral Development in the Professions: Psychology and Applied Ethics [C]. Hillsdale: Erlbaum Associates, 1994: 1 – 26.

[55] REST J R. A psychologist looks at the teaching of ethics [J].

Hastings Center Report, 1982, 12 (1): 29.

[56] Schot J, Rip A. The Past and Future of Constructive Technology Assessment [J]. Technological Forecasting and Social Change, 1997, 54 (2/3): 251-268.

[57] SIMONDON G. On the mode of existence of technical objects [M]. Ontario: University of Western Ontario, 1980: 11.

[58] Stephen B. Miles J. The Human Use of Human Beings: Cybernetics and Society by Norbert Wiener [J]. American Journal of Sociology, 1988, 161 (6): 375-379.

[59] Sultan N. Reflective thoughts on the potential and challenges of wearable technology for healthcare provision and medical education [J]. International Journal of Information Management, 2015, 35 (5): 521-526.

[60] Susan Karlin. Carebots : A scientist creates robots that help children [J]. IEEE Spectrum, 2010, 47 (2): 19.

[61] Taylor C. Dilemmas and Connections: Selected Essays [M]. Cambridge: Harvard University Press, 2011: 9.

[62] Thaler R H, Sunstein C R. Nudge: improving decisions about health, wealth and happiness [M]. New Haven: Yale University Press, 2008: 6.

[63] Timmermans J, Zhao Y, Hoven J V D. Ethics and Nanopharmacy: Value Sensitive Design of New Drugs [J]. Nano Ethics, 2011, 5 (3): 269-283.

[64] Van Gorp A, Van de Poel I. Deciding on Ethical Issues in Engineering Design [J]. Philosophy and Design, 2008: 77-89.

[65] Verbeek P P. Accompanying Technology: Philosophy of Technology after the Ethical Turn [J]. Techne: Research in Philosophy & Technology, 2010, 14 (1): 49-54.

[66] VERBEEK P P. Cyborg intentionality: rethinking the

phenomenology of human-technology relations [J]. Phenomenology & the cognitive sciences, 2008, 7 (3): 388.

[67] Verbeek P P. Expanding Mediation Theory [J]. Foundations of Science, 17 (4): 391-395.

[68] Vincent N A. A Structured taxonomy of responsibility concepts [J]. Social Science Electronic Publishing, 2011, 27: 15-35.

[69] Wallach W, Allen C. Moral Machines: Teaching Robots Right from Wrong [M]. Oxford: Oxford University Press, 2009: 78-79.

[70] Winner L. Do Artifacts have Politics? [A] // The Whale and the reactor: a search for limits in an age of high technology. Chicago: University of Chicago Press, 1986: 19-39.

[71] Zullig L L, Melnyk S D, Karen Goldstein. The Role of Home Blood Pressure Telemonitoring in Managing Hypertensive Populations [J]. Current Hypertension Reports, 2013, 15 (4): 346-355.

二、中文参考文献

[1] 凯尔森. 法与国家的一般理论 [M]. 沈宗灵, 译. 北京: 中国大百科全书出版社, 1996.

[2] 康德. 道德形而上学原理 [M]. 苗力田, 译. 上海: 上海人民出版社, 2005.

[3] 拉图尔. 我们从未现代过 [M]. 刘鹏, 安涅思, 译. 苏州: 苏州大学出版社, 2010.

[4] 拉图尔. 自然的政治: 如何把科学带入民主 [M]. 麦永雄, 译. 郑州: 河南大学出版社, 2016.

[5] 柏拉图. 理想国 [M]. 郭斌和, 张竹明, 译. 北京: 商务印书馆, 1986.

[6] 亚里士多德. 物理学 [M]. 张竹明, 译. 北京: 商务印书馆, 1982.

[7] 霍文, 维克特. 信息技术与道德哲学 [M]. 赵迎欢, 宋吉

鑫，张勤，译. 北京：科学出版社，2014.

［8］维贝克. 将技术道德化：理解与设计物的道德［M］. 闫宏秀，杨庆峰，译，上海：上海交通大学出版社，2016.

［9］阿瑟. 技术的本质：技术是什么，它是如何进化的［M］. 经典版. 曹东溟，王健，译. 杭州：浙江人民出版社，2018.

［10］桑德尔. 公正：该如何做是好？［M］. 朱慧玲，译. 北京：中信出版社，2011.

［11］明斯基. 情感机器：人类思维与人工智能的未来［M］. 王文革，程玉婷，李小刚，译. 杭州：浙江人民出版社，2016.

［12］瓦拉赫，艾伦. 道德机器：如何让机器人明辨是非［M］. 王小红，译. 北京：北京大学出版社，2017.

［13］贾萨诺夫. 发明的伦理：技术与人类未来［M］. 尚智丛，田喜腾，田甲乐，译. 北京：中国人民大学出版社，2018.

［14］普特南. 理性、真理与历史［M］. 童世骏，李光程，译. 上海：上海译文出版社，2005.

［15］韦弗. 机器人是人吗？［M］. 刘海安，徐铁英，向秦，译. 上海：上海人民出版社，2018.

［16］Nusca A. 宝宝大哭怎么安抚？设计精妙的 AI 机器人能帮你忙［EB/OL］.［2018－06－24］. http：//www.fortunechina.com/business/c/2018－06/24/content_310233.htm.

［17］维贝克，杨庆峰. 伴随技术：伦理转向之后的技术哲学［J］. 洛阳师范学院学报，2013，32（04）：18－21.

［18］北京日报. 诺奖得主缘何年龄偏大 从出成果到获奖平均要等18年［EB/OL］.［2013－10－14］. http：//scitech.people.com.cn/n/2013/1014/c1007－23190374.html.

［19］蔡仲. 后人类主义与实验室研究［J］. 苏州大学学报（哲学社会科学版），2015，36（01）：16－21＋191.

［20］曹继东. 伊德技术哲学解析［M］. 沈阳：东北大学出版社，2013.

［21］陈昌曙. 技术哲学引论［M］. 北京：科学出版社，1999.

［22］陈多闻. 可持续技术还是可持续使用？——从"技术人工物的双重属性"谈开去［J］. 科学技术哲学研究，2011，28（03）：63－66＋112.

［23］陈凡，傅畅梅，葛勇义. 技术现象学概论［M］. 北京：中国社会科学出版社，2011.

［24］陈凡，曹继东. 现象学视野中的技术——伊代技术现象学评析［J］. 自然辩证法研究，2004（05）：57－61.

［25］陈凡，成素梅. 技术哲学的建制化及其走向——陈凡教授学术访谈［J］. 哲学分析，2014，5（04）：155－167.

［26］陈凡，傅畅梅. 现象学技术哲学：从本体走向经验［J］. 哲学研究，2008（11）：102－108.

［27］陈凡，徐佳. 技术人工物的功能理论及其重构［J］. 哲学研究，2014（12）：94－100.

［28］陈凡，徐佳. 论技术人工物的功能归属［J］. 自然辩证法通讯，2012，34（03）：1－5＋125.

［29］陈凡，张明国. 解析技术［M］. 福州：福建人民出版社，2002.

［30］陈剑. 设计为人：一个中国设计的基本命题［J］. 美术观察，2010（03）：28－29.

［31］陈凯茵. 2019共享出行蓝皮书：共享单车理性发展，进入精细化运营时代［EB/OL］. ［2019－12－25］. http：//www.xinhuanet.com/fortune/2019－12/25/c_1125386746.htm.

［32］陈瑜. 价值前置型新兴技术治理的主体间互动关键点及路径研究［D］. 大连：大连理工大学，2018.

[33] 仇德辉. 情感机器人[M]. 北京：台海出版社, 2018.

[34] 董佳蓉. 语境论视野下的人工智能范式发展趋势研究[J]. 科学技术哲学研究, 2011, 28 (02): 33-38.

[35] 杜严勇. 机器人伦理设计进路及其评价[J]. 哲学动态, 2017 (09): 84-91.

[36] 杜严勇. 机器人伦理研究论纲[J]. 科学技术哲学研究, 2018, 35 (04): 106-111.

[37] 杜宇雷, 孙菲菲, 原光, 等. 3D打印材料的发展现状[J]. 徐州工程学院学报（自然科学版）, 2014, 29 (01): 20-24.

[38] 范尧明, 张培高. 仿生学在化学纤维开发中的应用[J]. 中国纤检, 2004 (07): 35-37.

[39] 方晓风. 筷子·时钟·奥运火炬——伦理思考的文化立场[J]. 装饰, 2007 (09): 23-25.

[40] 冯静. 涉及人工智能的法律责任[J]. 检察风云, 2018 (20): 84-85.

[41] 高慧琳, 郑保章. 基于麦克卢汉媒介本体性的人机融合分析[J]. 自然辩证法研究, 2019, 35 (01): 27-32.

[42] 高兴. 孔子仁学与创意设计伦理之辨[J]. 甘肃社会科学, 2016 (02): 20-23.

[43] 高兆明. 心灵秩序与生活秩序：黑格尔《法哲学原理》释义[M]. 北京：商务印书馆, 2013.

[44] 顾群业, 王拓. 对设计"以人为本"和"绿色设计"两个观点的反思[J]. 设计艺术（山东工艺美术学院学报）, 2008 (04): 48-49.

[45] 顾世春. 荷兰预判性技术伦理思潮研究[J]. 大连理工大学学报（社会科学版）, 2018, 39 (04): 114-119.

[46] 顾世春. 技术人工物本性理论的新发展研究[J]. 科学技术哲学研究, 2016, 33 (06): 69-73.

[47] 郭丽, 欧新菊. 现代设计的伦理道德的演化和意涵研究 [J]. 包装工程, 2009, 30 (10): 227-228.

[48] 郭延龙, 张燕翔. 辩证视角下的当代日用陶瓷设计思想研究 [J]. 中国陶瓷, 2017, 53 (08): 75-78.

[49] 郭延龙. 仿生学视角下3D打印服装设计研究 [J]. 装饰, 2018 (03): 104-106.

[50] 郭延龙, 汤书昆. 价值与责任: 智能人工物设计中技术治理问题探析 [J]. 自然辩证法研究, 2020, 36 (05): 61-66.

[51] 郭芝叶. 现代技术的伦理意向性研究 [D]. 大连: 大连理工大学, 2014.

[52] 贺建芹. 激进的对称与"人的去中心化"——拉图尔的非人行动者能动性观念解读 [J]. 自然辩证法研究, 2011, 27 (12): 81-84.

[53] 胡飞, 胡俊. 设计科学: 从造物到成事 [J]. 科技进步与对策, 2008 (11): 176-178.

[54] 胡鸿, 舒倩, 韩宇翃. 设计伦理与当代设计 [J]. 北京工业大学学报, 2005 (S1): 50-55.

[55] 胡婕妤, 王前. 技术人工物使用寿命的机体哲学分析和伦理反思 [J]. 昆明理工大学学报 (社会科学版), 2018, 18 (02): 29-35.

[56] 贾浩然. 助推及其对技术设计的启示 [J]. 自然辩证法研究, 2018, 34 (06): 44-50.

[57] 贾林海. 从设计的技术研究到设计的哲学研究 [J]. 自然辩证法研究, 2016, 32 (02): 29-34.

[58] 江牧. 工业产品设计安全的伦理剖析 [J]. 装饰, 2007 (09): 14-17.

[59] 江牧. 设计伦理之道 [J]. 包装工程, 2006 (06): 318-320.

[60] 江怡. 对人工智能与自我意识区别的概念分析 [J]. 自然辩证法通讯, 2019, 41 (10): 1-7.

[61] 姜松荣."第四条原则"——设计伦理研究［J］.伦理学研究,2009（02）:57-62.

[62] 姜松荣.中国传统社会设计伦理的历史考察［J］.伦理学研究,2009（06）:76-80.

[63] 荆晶."机器人保姆"问世［EB/OL］.［2008-07-28］.https://news.sohu.com/20080728/n258412624.shtml.

[64] 康德.纯粹理性批判［M］.邓晓芒,译.北京:人民出版社,2004.

[65] 拉普.技术科学的思维结构［M］.刘武,等,译.长春:吉林人民出版社,1988.

[66] 拉普.技术哲学导论［M］.刘武,康荣平,吴明泰,译.沈阳:辽宁科学技术出版社,1986.

[67] 雷毅.论人工物的社会化［J］.晋阳学刊,2005（06）:64-67.

[68] 李飞,刘子建.设计中的设计伦理［J］.轻工机械,2004（04）:1-3.

[69] 李芬,蔡建平,李理.论产品形态仿生设计［J］.包装工程,2007（11）:145-147+150.

[70] 李福.产业视域下人工物的价值概念分析［J］.自然辩证法研究,2018,34（12）:45-50.

[71] 李福.人工物研究中的三大关系问题分析［J］.自然辩证法研究,2017,33（05）:31-35.

[72] 李建中.人工智能:不确定的自主性知识创造［J］.自然辩证法研究,2019,35（01）:117-122.

[73] 李三虎.技术符号学:人工物的意义解释［J］.自然辩证法通讯,2018,40（07）:106-114.

[74] 李三虎.试论技术人工物的实在性［J］.洛阳师范学院学报,2016,35（09）:1-10+18.

[75] 李三虎. 在物性与意向之间看技术人工物 [J]. 哲学分析, 2016, 7（04）: 89-105+198.

[76] 李砚祖. 设计之仁——对设计伦理观的思考 [J]. 装饰, 2007（09）: 8-10.

[77] 廖宏勇. "自律"与"他律"之辨——"公共性"作为信息设计的伦理意向 [J]. 湖南大学学报（社会科学版）, 2017, 31（05）: 152-155.

[78] 刘宝杰. 技术-伦理并行研究的合法性 [J]. 自然辩证法研究, 2013, 29（10）: 34-37.

[79] 刘宝杰. 技术哲学荷兰学派研究 [M]. 北京: 北京师范大学出版社, 2017.

[80] 刘宝杰. 技术哲学的荷兰学派研究 [D]. 南京: 东南大学, 2013.

[81] 刘林. 现代设计的伦理观解析 [J]. 东南大学学报（哲学社会科学版）, 2006（S1）: 174-176.

[82] 刘鹏. 拉图尔科学人类学的三重维度 [J]. 江苏行政学院学报, 2018（04）: 11-17.

[83] 刘宪权. 人工智能: 刑法的时代挑战 [M]. 上海: 上海人民出版社, 2018.

[84] 刘亚男, 丛杉. 可穿戴技术在人体健康监测中的应用进展 [J]. 纺织学报, 2018, 39（10）: 175-179.

[85] 刘铮. 技术物是道德行动者吗？——维贝克"技术道德化"思想及其内在困境 [J]. 东北大学学报（社会科学版）, 2017, 19（03）: 221-226.

[86] 刘铮. 分析技术哲学的"难问题"及其身体现象学解决进路 [J]. 自然辩证法通讯, 2018, 40（08）: 112-118.

[87] 芦文龙. 技术人工物作为道德行动体: 可能性、存在状态及伦理意涵 [J]. 自然辩证法研究, 2016, 32（08）: 45-50.

[88] 罗玲玲, 魏春艳. 技术人工物发展的生态逻辑 [J]. 东北大学学报 (社会科学版), 2018, 20 (03): 221-226.

[89] 马克昌. 比较刑法原理: 外国刑法学总论 [M]. 武汉: 武汉大学出版社, 2002.

[90] 潘恩荣. 当代分析的技术哲学之"难问题"研究 [J]. 哲学研究, 2010 (01): 107-112.

[91] 潘恩荣. 技术人工物的结构与功能之间的关系 [D]. 杭州: 浙江大学, 2009.

[92] 潘恩荣. 技术哲学的两种经验转向及其问题 [J]. 哲学研究, 2012 (01): 98-105+128.

[93] 潘恩荣. 设计的哲学基础与意义——自然主义式的认知 [J]. 自然辩证法通讯, 2006 (05): 43-47+111.

[94] 潘恩荣. 走向工程设计哲学 [J]. 自然辩证法研究, 2009, 25 (12): 61-67.

[95] 潘鲁生, 殷波. 设计伦理的发展进程 [J]. 艺术百家, 2014, 30 (02): 30-33.

[96] 潘宇翔. 大数据时代的信息伦理与人工智能伦理——第四届全国赛博伦理学暨人工智能伦理学研讨会综述 [J]. 伦理学研究, 2018 (02): 135-137.

[97] 澎湃新闻. 基因编辑婴儿试验: 所有涉事方均澄清与贺建奎关系 [EB/OL]. [2018-11-27]. http://news.163.com/18/1127/09/E1K0TDKC0001875P.html#f=post1603_tab_news.

[98] 秦红岭. 追寻美好: 城市设计伦理探讨 [J]. 伦理学研究, 2017 (03): 90-96.

[99] 秦咏红. 可用性及其对技术人工物主客体关系的影响 [J]. 自然辩证法研究, 2012, 28 (05): 35-39.

[100] 深圳范儿. 共享单车发展由来历程是怎样的, 现今又如何

了？［EB/OL］．［2017-11-30］．https：//www.sohu.com/a/207597345_571322.

［101］史亚娟．浅析胡塞尔现象学的意向性［J］．学理论，2013（18）：51-52.

［102］舒红跃，张清喆．生命技术哲学：一种新的技术哲学研究范式［J］．湖北大学学报（哲学社会科学版），2019，46（04）：138-144+177.

［103］舒红跃．人造物、意向性与生活世界［J］．科学技术与辩证法，2006（03）：83-85+99+112.

［104］苏宏斌．创造性想象何以可能？——康德美学的现象学阐释［J］．西北大学学报（哲学社会科学版），2017，47（03）：10-16.

［105］搜狐网．眼睛只能看到4%的物质，科学颠覆人的想象，西湖大学施一公演讲［EB/OL］．［2020-05-02］．https：//www.sohu.com/a/392608249_99961503.

［106］孙蔚，王伟．科技发展与发展中的设计伦理观［J］．新美术，2010，31（05）：106-108.

［107］唐菲．有了宝宝才知道 智能检测器有多重要［EB/OL］．［2014-12-15］．https：//bb.zol.com.cn/496/4961277_all.html.

［108］陶然，周艳．论智能化设计中的设计伦理［J］．设计艺术研究，2011（03）：34-37.

［109］田辉玉，吴秋凤，管锦绣．中国现代设计伦理失范及成因探析［J］．理论月刊，2010（12）：140-142.

［110］王德伟．人工物引论［M］．川口：日本侨报出版社，2003.

［111］王德伟．试论人工物的基本概念［J］．自然辩证法研究，2003（05）：44-48+94.

［112］王海智，刘嘉琪．设计伦理视域下网络游戏的三个伦理悖反［J］．传媒，2016（23）：77-78.

[113] 王健. 产品设计中的伦理责任——由一起"果冻"伤害案引发的思考 [J]. 东北大学学报（社会科学版），2002（03）：163-165.

[114] 王莘思. 设计人工物的三重属性及其交互过程模式 [J]. 自然辩证法研究，2018，34（07）：28-34.

[115] 王娜，文成伟. 技术人工物价值模糊的责任伦理之维 [J]. 自然辩证法研究，2019，35（02）：36-41.

[116] 王攀，肖思思，周颖. "基因编辑婴儿"案一审宣判 贺建奎等三被告人被追究刑事责任 [EB/OL]. [2019-12-30]. http://m.xinhuanet.com/2019-12/30/c_1125403802.htm.

[117] 王珀. 无人驾驶与算法伦理：一种后果主义的算法设计伦理框架 [J]. 自然辩证法研究，2018，34（10）：70-75.

[118] 王前，杨阳. 机体哲学视野中的人工物研究 [J]. 科学技术哲学研究，2015，32（04）：76-80.

[119] 王绍源，任晓明. 从机器（人）伦理学视角看"物伦理学"的核心问题 [J]. 伦理学研究，2018（02）：71-75.

[120] 王小茉. 由仿至造：国产自行车品牌与制造的发展历程 [J]. 装饰，2015（09）：26-29.

[121] 王延庆，沈竞兴，吴海全. 3D打印材料应用和研究现状 [J]. 航空材料学报，2016，36（04）：89-98.

[122] 王以梁，秦雷雷. 技术设计伦理实践的内在路径探析 [J]. 道德与文明，2016（04）：133-137.

[123] 文祥. 伊德多元稳定的世界观及对科技创新思维的启示 [J]. 长沙理工大学学报（社会科学版），2018，33（03）：28-34.

[124] 吴国林. 论技术人工物的结构描述与功能描述的推理关系 [J]. 哲学研究，2016（01）：113-120.

[125] 吴国盛. 海德格尔与科学哲学 [J]. 自然辩证法研究，1998（09）：2-7.

[126] 吴琼. 信息时代的设计伦理 [J]. 装饰，2012（10）：32-36.

[127] 吴斯. 分裂与聚合：互联网时代的技术身体研究——基于"网红脸"流行的分析［J］. 北京社会科学, 2019（03）：45-53.

[128] 吴晓莉, 党明. 以设计伦理为导向的"HIGH DESIGN"思想的提出［J］. 包装工程, 2005（02）：196-198.

[129] 吴志军, 彭静昊. 工业设计的伦理维度［J］. 伦理学研究, 2016（04）：122-126.

[130] 肖峰. 什么是人工制品？［J］. 自然辩证法研究, 2004（06）：56-60.

[131] 谢玮.《周礼·冬官·考工记》设计伦理分疏的研究价值［J］. 设计, 2017（13）：82-84.

[132] 邢怀滨. 建构性技术评估及其对我国技术政策的启示［J］. 科学学研究, 2003（05）：487-491.

[133] 熊兴福, 赵祎祎. 基于设计伦理理念的公共服务设施探析［J］. 包装工程, 2018, 39（06）：240-244.

[134] 徐平华. 墨子设计思想的伦理意蕴［J］. 伦理学研究, 2016（03）：42-47.

[135] 许平, 刘青青. 设计的伦理——设计艺术教育中的一个重大课题［J］. 艺苑（南京艺术学院学报美术版）, 1997（03）：44-49.

[136] 许平. 关怀与责任——作为一种社会伦理导向的艺术设计及其教育［J］. 美术观察, 1998（08）：4-6.

[137] 薛旭辉. 意向性的缘起、概念、意涵及语言表征特点：心智哲学与认知语言学视角［J］. 西安外国语大学学报, 2015, 23（04）：54-59.

[138] 闫坤如. 技术设计悖论及其伦理规约［J］. 科学技术哲学研究, 2018, 35（04）：90-94.

[139] 闫坤如. 人工智能机器具有道德主体地位吗？［J］. 自然辩证法研究, 2019, 35（05）：47-51.

[140] 杨欢, 李义娜, 张康. 可视化设计中的色彩应用［J］. 计算机

辅助设计与图形学学报, 2015, 27 (09): 1587-1596.

[141] 杨慧珠, 陈建华, 郭晓燕. 基于伦理学的产品设计 [J]. 包装工程, 2007 (06): 194-195+203.

[142] 杨庆峰. 翱翔的信天翁: 唐·伊德技术现象学研究 [M]. 北京: 中国社会科学出版社, 2015.

[143] 杨庆峰. 物质身体、文化身体与技术身体——唐·伊德的"三个身体"理论之简析 [J]. 上海大学学报(社会科学版), 2007 (01): 12-17.

[144] 杨又, 吴国林. 技术人工物的意向性分析 [J]. 自然辩证法研究, 2018, 34 (02): 31-36.

[145] 杨又, 吴国林. 智能人工物的意向性分析 [J]. 科学技术哲学研究, 2019, 36 (02): 61-67.

[146] 姚雪凌. 文明的虚设——老龄化社会设计伦理的价值判断 [J]. 美术研究, 2015 (06): 125-126.

[147] 阴训法, 陈凡. 论"技术人工物"的三重性 [J]. 自然辩证法研究, 2004 (07): 28-31.

[148] 于帆. 仿生设计的理念与趋势 [J]. 装饰, 2013 (04): 25-27.

[149] 袁蒙, 张辉, 田伟. 可穿戴体温监测设备的研究现状与发展趋势 [J]. 合成纤维, 2017, 46 (06): 36-40+44.

[150] 远德玉, 陈昌曙. 论技术 [M]. 沈阳: 辽宁科学技术出版社, 1986.

[151] 翟墨, 陆少游. 质疑"人本设计"——致郑也夫 [J]. 美术观察, 2003 (07): 86-88.

[152] 张夫也. 如何使伦理观念成为设计师的自觉意识 [J]. 美术观察, 2003 (06): 9-11.

[153] 张恒力, 许沐轩, 王昊. 工程伦理中"道德敏感性"的评价与测度 [J]. 大连理工大学学报(社会科学版), 2018, 39 (01): 15-22.

[154] 张华夏, 张志林. 技术解释研究 [M]. 北京: 科学出版社, 2005.

[155] 张剑. 西方文论关键词 他者 [J]. 外国文学, 2011 (01): 118-127+159-160.

[156] 张君. 物质文化视阈下设计的伦理反思 [J]. 生态经济, 2016, 32 (03): 213-216.

[157] 张丽娉. 身体的"解构": 后现代设计伦理镜像之解读 [J]. 装饰, 2007 (09): 32-35.

[158] 张丽玮. 机器人"保姆"入驻杭州养老机构 [EB/OL]. [2016-06-05]. http://zj.people.com.cn/n2/2016/0605/c228592-28459147.html.

[159] 张乃仁. 设计辞典 [M]. 北京: 北京理工大学出版社, 2002.

[160] 张能. "内在性模式的表型学"——论德勒兹所理解的伦理学 [J]. 价值论与伦理学研究, 2016 (02): 155-168.

[161] 张英. 关于智能产品设计伦理问题的研究 [J]. 设计, 2018 (03): 49-50.

[162] 郑也夫. 人本: 设计伦理之轴心 [J]. 美术观察, 2003 (06): 7-9.

[163] 智研咨询. 2020—2026年中国共享单车行业市场竞争格局及未来发展趋势报告 [EB/OL]. [2019-12-04]. https://www.chyxx.com/research/201805/641947.html.

[164] 观研报告网. 2017年我国共享单车行业发展历程概述及驱动行业发展因素分析 [EB/OL]. [2017-10-10]. https://free.chinabaogao.com/jiaotong/201710/10102a1192017.html.

[165] 钟晓林, 洪晓楠. 拉图尔论"非现代性"的人与自然 [J]. 自然辩证法通讯, 2019, 41 (06): 99-106.

［166］周博. 维克多·帕帕奈克论设计伦理与设计的责任［J］. 设计艺术研究, 2011（02）: 108-114+125.

［167］周维功, 周宁. 道德自由何以可能？［J］. 江淮论坛, 2017（04）: 51-56.

［168］周午鹏. 技术与身体：对"技术具身"的现象学反思［J］. 浙江社会科学, 2019（08）: 98-105+158.

［169］朱力, 张楠."广场舞之争"背后的公共空间设计伦理辨析［J］. 装饰, 2016（03）: 67-69.

［170］朱勤. 米切姆工程设计伦理思想评析［J］. 道德与文明, 2009（01）: 88-92.

［171］朱怡芳. 从手工艺伦理实践到设计伦理的自觉［J］. 南京艺术学院学报（美术与设计）, 2018（03）: 68-71+209.

［172］祝帅. 设计伦理：理论与实践［J］. 美术观察, 2012（08）: 28-29.